高等职业教育铁道运输类新形态一体化系列教材

工程材料及检测

张爱菊　李子成◎主　编
窦新顺◎主　审

中国铁道出版社有限公司

2024年·北　京

内容简介

本书为高等职业教育铁道运输类新形态一体化系列教材之一，采用项目任务式编写体例，符合工学结合的编写理念。本书共8个项目27个任务，内容包括石灰检测、石膏检测、水泥检测、骨料检测、混凝土检测、砂浆检测、钢材检测及沥青材料检测。

本书可作为高等职业教育铁道工程类、土木建筑类相关专业的教材，也可作为施工现场试验员、见证取样员、检测员、材料员的岗前培训教材。

图书在版编目(CIP)数据

工程材料及检测/张爱菊，李子成主编. —北京：中国铁道出版社有限公司，2024.6

高等职业教育铁道运输类新形态一体化系列教材

ISBN 978-7-113-30976-3

Ⅰ.①工… Ⅱ.①张… ②李… Ⅲ.①工程材料-检测-高等职业教育-教材 Ⅳ.①TB302

中国国家版本馆CIP数据核字(2024)第027258号

书　　名：工程材料及检测

作　　者：张爱菊　李子成

策　　划：陈美玲

责任编辑：陈美玲　　**编辑部电话**：(010)51873240　　**电子邮箱**：992462528@qq.com

封面设计：刘　莎

责任校对：安海燕

责任印制：高春晓

出版发行：中国铁道出版社有限公司(100054，北京市西城区右安门西街8号)

网　　址：http://www.tdpress.com

印　　刷：河北燕山印务有限公司

版　　次：2024年6月第1版　2024年6月第1次印刷

开　　本：787 mm×1 092 mm 1/16　**印张**：12.5　**字数**：280千

书　　号：ISBN 978-7-113-30976-3

定　　价：39.00元

前 言

本书融入了国家职业教育理念，及时将新技术、新工艺、新规范纳入学习内容，强化学生的实践能力。本书以工作过程作为教材结构的主逻辑，实现了基于职业行动逻辑的教材结构设计。本书编写过程积极践行“三教”改革，适应“互联网+职业教育”发展需求，运用现代信息技术改进学习方式、方法，丰富线上教学资源。本书依据课程目标，以典型工程常用材料进场检测顺序为主线、岗位能力分析为基础，从职业资格所需的职业素质和岗位技能来构建教材内容体系。

本书编写注重素质培养，全面梳理课程中思政元素，将思政元素与学习过程有机融合；注重创新教育，培养创新思维和创新能力，全面提升创新创业素质；注重能力培养，每一项目细化为几个具体任务，每一任务包括操作步骤、相关知识、任务测评、任务总结与反思等内容，构建职业行动逻辑结构的能力本位体系；注重安全环保教育，使学生熟悉必要的安全技术知识和环保意识，将安全环保指标纳入考核内容，培养学生终身可持续发展的能力。通过本书若干项目的学习，可以熟悉常用工程材料的技术指标及检测方法，同时具备施工现场试验员、见证取样员、检测员、材料员的基础知识、职业素养和岗位技能。

本书由石家庄铁路职业技术学院张爱菊和李子成任主编，由石家庄铁路职业技术学院王丽洁、高鹤和陈烨任副主编，由石家庄铁路职业技术学院窦新顺任主审；参与编写的还有石家庄铁路职业技术学院刘训臣、刘立荣和秦皇岛市信合水泥有限公司李海君。具体编写分工如下：张爱菊负责编写项目1，陈烨负责编写项目2，李海君负责编写项目3，王丽洁负责编写项目4，高鹤负责编写项目5

和项目7,刘训臣和刘立荣负责编写项目6,李子成负责编写项目8。本书在编写过程中,得到了许多同行的支持和帮助,谨此一并致谢!

由于编者水平和经验有限,书中难免存在不足之处,敬请广大读者和同行专家批评指正。

编　者

2024年5月

目 录

绪　论

建筑工程是用工程材料建造而成的,用于建筑工程的这些材料总称为工程材料,其性能表现对于建筑工程的各种性能具有重要影响。因此,工程材料不仅是工程的物质基础,而且是决定工程质量和使用性能的关键因素。为使建筑工程获得结构安全、性能可靠、耐久美观、经济适用的综合品质,必须合理选择和正确使用工程材料。

1. 工程材料的分类

工程材料种类繁多,分类方法多样。

(1)按化学组成分类

根据组成物质的化学成分,将工程材料分为无机材料、有机材料和复合材料三大类,各大类又可细分为许多小类,见表 0.0.1。

表 0.0.1　工程材料的分类

工程材料	无机材料	金属材料	黑色金属:铁、钢、不锈钢等 有色金属:铝、铜及其合金等
		非金属材料	天然石材:砂、石及石材制品等 烧土制品:砖、瓦、陶、瓷、琉璃制品等 玻璃及熔融制品:玻璃、玻璃纤维、岩棉、铸石等 气硬性胶凝材料:石灰、石膏、菱苦土、水玻璃等 水硬性胶凝材料:水泥 混凝土及硅酸盐制品:混凝土、砂浆、硅酸盐制品等
	有机材料	植物材料	竹材、木材、植物纤维及其制品等
		沥青材料	石油沥青、煤沥青、沥青制品等
		高分子材料	塑料、涂料、胶粘剂、合成橡胶等
	复合材料	金属与非金属复合材料	钢筋混凝土、钢纤维增强混凝土等
		有机与无机复合材料	聚合物水泥混凝土、沥青混凝土、水泥刨花板、玻璃钢等

(2)按使用功能分类

按其使用功能,工程材料通常分为承重结构材料、非承重结构材料及功能材料三大类。

①承重结构材料:主要指梁、板、基础、墙体和其他受力构件所用的建筑材料,最常用的

有钢材、混凝土、砖、砌块等。

②非承重结构材料：主要包括框架结构的填充墙、内隔墙和其他围护材料等。

③功能材料：主要包括防水材料、防火材料、装饰材料、绝热材料、吸声隔声材料等。

2. 工程材料检测与安全知识

在建筑施工过程中，影响工程质量的主要因素包括工程材料、机械、人、施工方法和环境条件等。为了保证工程质量，必须对施工的各工序质量从上述五方面进行事前、事中和事后的有效控制，做到科学管理。要完成这样的目标，就必须做好建筑工程质量检测工作，其中工程材料性能的检测是必不可少的重要环节。

(1)工程材料的检测

工程材料的检测是按照现行有关技术标准和规范的规定，采用规定的测试仪器和测试方法，采取科学合理的检测手段，对工程材料的性能参数进行检验和测定的过程。对工程材料进行检测，不仅是控制和评定工程材料质量的手段和依据，而且也是合理选用工程材料、降低生产成本、提高企业经济效益和推动科技进步的有效途径。

(2)工程材料检测安全知识

工程材料试验室安全防护应严格执行国家和行业有关规定，同时按照建设项目的统一安排部署，认真做好试验室和有关人员的安全防护工作，要有相关的应急预案和必要的应急救援器材、设备。

试验室应按照标准要求在可燃固体、液体、气体等物质存在的场所配置灭火器，且每个场所灭火器数量不应少于2具。现场取样和现场试验检测工作过程中，如存在安全隐患，试验检测人员应佩戴安全帽等防护用品，平时安全帽应整齐统一摆放在外检室或办公室，便于取放。在进行样品高温加热操作、试验时，试验人员应佩戴防烫伤的劳动防护用品；在使用危险化学品时，试验人员应佩戴防腐蚀的劳动防护用品，在维修、维护电器设备时，维修人员应佩戴绝缘的劳动防护用品。压力机、万能材料实验机等大型力学设备应安装安全防护网，材质为钢板网或编织片网，网孔尺寸不宜大于10 mm×10 mm，防护设施不仅要固定安装、结实、耐用，还应保证操作方便、美观大方。沥青室、沥青混合料室和化学室应安装通风装置，以防中毒。

3. 工程材料的技术标准

在土木工程中，从材料的生产、选择、使用、检验评定，到材料的储存、保管，任何环节的失误都可能造成工程的质量缺陷，甚至导致重大质量事故。为了确保土木工程的质量，必须实行工程材料的标准化。

世界范围统一使用的是ISO国际标准。我国的工程材料常用标准有四大类：一是国家标准，包括强制性标准(代号GB)和推荐性标准(代号GB/T)；二是行业标准，如建工行业标准(代号JG)、建材行业标准(代号JC)、交通行业标准(代号JT)等；三是地方标准(代号DB)；四是企业标准(代号QB)。此外，有的标准经过一段时间后发出修改单，对标准的部分内容予以修改，需予以关注。

对强制性国家标准，任何技术(或产品)不得低于其规定要求；对推荐性国家标准，也可执行其他标准的要求；地方标准或企业标准所制定的技术要求应高于国家标准。

4. 工程材料的发展趋势

随着社会的发展进步，特别是环境保护和节能降耗的迫切需要，对工程材料提出了更高的要求，也促进了工程材料从以下几个方向健康可持续发展。

(1)绿色低碳化

绿色工程材料需符合 3R 原则，即减量化(reducing)、再利用(reusing)和再循环(recyeling)。具体来说就是采用清洁生产技术，少用天然资源和能源，建筑材料尽可能重复利用，可方便拆卸，也易于再装配使用，达生命周期后可回收再利用。工程材料的低碳包括生产过程的低碳和使用过程的低碳，即以低的能耗和物耗生产优质的工程材料，而且在其使用过程中，具有好的使用性能及耐久性，并利于节能。

(2)复合多功能与智能化

工程材料的高性能是指需满足其一些主要性能，如结构材料的轻质高强。复合多功能是指在满足某一主要功能的基础上，附加了其他使用功能，使之具有更高的价值。工程材料的智能化包括多方面，特别是材料本身的自我诊断、自我修复功能具有十分重要的意义。

(3)装配式建筑与工程材料的融合发展

装配式建筑是指运用现代工业手段和现代工业组织，对住宅工业化生产的各个阶段的各个生产要素通过技术手段集成和系统地整合，达到建筑的标准化；装配式建筑是在工厂里预先生产好梁柱、墙板、阳台、楼梯等部件部品，运到工地后进行简单地组合、连接、安装，类似于“搭积木”。此种建筑方式有利于降低损耗、改善施工环境、缩短工期和提高工程质量。

5. 工程材料课程学习目标和学习方法

(1)学习目标

合格的工程技术人员必须准确熟练地掌握有关工程材料的知识。本课程是土木建筑类、交通运输类等专业的基础课，其学习目标包括素质目标、知识目标和能力目标。

①熟悉常用工程材料的基本组成、技术性能、质量要求及检验方法，了解工程材料的发展方向，能与后续课程紧密配合，理解材料与工程设计、施工的关系。

②在了解主要工程材料的制备、结构与性能关系的基础上，掌握其特性及应用，初步具备根据工程条件对其正确选择、合理使用及解决在实际工作中出现问题的能力。

③掌握常用工程材料试验的基本技能，具备一定的对有关材料进行测试和技术评定的能力。

④培养学生的自学能力、创新能力、分析并解决问题的能力。

⑤提高综合素质，在工程材料的案例中，融合诚实守信、遵纪守法和职业道德的精神，认认真真地做事，堂堂正正地做人，并结合中华民族几千年文明，激励学生热爱祖国、建设祖国。

(2)学习方法

本书以常用工程材料为载体，以材料的取样、性能检测等任务来安排学习内容，通过完成工作任务，一方面了解常用工程材料的组成、结构及其形成机理，掌握材料的主要性能与使用方法，另一方面学会对各种常用工程材料进行检测，能对工程材料进行合格性判定和验收，同时提高实践技能，对试验数据、试验结果能进行正确的分析和判别，培养科学认真的态度和实事求是的工作作风。

材料检测是本课程的一个重要环节，必须认真完成这个工作任务，填写检测报告；要通过材料的检测培养学生动手能力，获取知识，掌握技术标准和检验方法。

项目1

石灰检测

项目描述

对建筑石灰相关技术指标进行检测。

项目要求

对建筑石灰技术指标进行检测，检测仪器、检测方法、检测步骤等需严格遵循国家标准及行业规范。同时做好安全防护，正确使用仪器和工具，完成石灰的取样、石灰产浆量和未消化残渣含量等检测任务。

学习目标

1. 素质目标

(1)具有正确的世界观、人生观、价值观，具有深厚的爱国情感和中华民族自豪感；

(2)具有良好的职业道德和职业素养，诚实守信、爱岗敬业；

(3)具有以目标为导向的集体意识和团队合作精神，能够进行有效的人际沟通和协作，能够与小组成员团结合作完成任务；

(4)具有安全意识和创新精神。

2. 知识目标

(1)掌握石灰的组成、分类、特性及应用；

(2)掌握石灰取样方法，并完成取样单；

(3)掌握石灰产浆量和未消化残渣含量测定方法，并完成检测报告。

3. 能力目标

(1)具有完成石灰取样并出具取样单的能力；

(2)具有完成石灰产浆量和未消化残渣含量测定并出具检测报告的能力。

(1)学习载体

按标准取样方法选取待测石灰样品。

(2)相关标准

《石灰取样方法》(JC/T 620—2021);

《建筑生石灰》(JC/T 479—2013);

《建筑消石灰》(JC/T 481—2013);

《建筑石灰试验方法　第1部分:物理试验方法》(JC/T 478.1—2013)。

(3)案例引入

某建设项目粉刷墙壁使用水泥石灰砂浆,建材装备公司进场一批石灰,请划分检验批,并对该批石灰进行编号取样,根据项目建设工程施工质量验收标准规定,对石灰的细度、安定性、石灰产浆量和未消化残渣含量等指标进行检测,判定是否合格。

万里长城

万里长城穿越崇山峻岭,是我国古代劳动人民的杰作。它凝聚着我国古代劳动人民的坚强毅力和高度智慧,体现了我国古代工程技术的非凡成就,也显示了中华民族的悠久历史。

万里长城选用材料因地制宜,堪称典范。居庸关、八达岭一段,采用砖石结构,墙身用条石砌筑,中间填充碎石黄土,顶部再用三四层砖铺砌,以石灰作砖缝材料,坚固耐用。平原黄土地区缺乏石料,则用泥土垒筑长城,将泥土夯打结实,并以锥刺夯打后的泥土,检查其是否合格。在西北玉门关一带,既无石料又无黄土,以当地芦苇或柳条与砂石间隔铺筑。万里长城因地制宜使用建筑材料,展现了我国劳动人民的勤劳、智慧和创造力。

任务 1.1　石灰取样

1.1.1　石灰取样操作步骤

1. 石灰取样依据

石灰取样依据《石灰取样方法》(JC/T 620—2021)进行,以班产量或日产量为一个批量。

2. 主要仪器设备

石灰取样主要仪器设备见表 1.1.1。

表1.1.1　石灰取样主要仪器设备

仪器名称	仪器图片
取样管	
取样铲	
普通尖头铁铲	

3. 取样地点和取样部位

(1)取样地点应有代表性，不应在雨水中或污染严重的环境中进行。

(2)石灰生产检验取样宜在以下部位：

①石灰窑出口；

②石灰输送带；

③石灰库或堆场；

④输送管道的出料口；

⑤石灰出厂前进入运输设备或袋装、散装车等的进料口。

(3)石灰使用检验取样宜在以下部位：

①石灰出厂前进入运输设备或袋装、散装车等的进料口；

②使用方交接的石灰运输设备上，散装车的进出料口；

③石灰库或堆场。

4. 取样总量

每个受检石灰检验批的生石灰取样总量不少于 24 kg，生石灰粉、消石灰粉取样总量不少于 5 kg。

5. 取样方法

(1)堆场、仓库、车(船)取样

用普通尖头钢锹或取样铲取样。在每个检验批的不同部位随机选取 12 个取样点，取样点应均匀或循环分布在堆场、仓库、车(船)的对角线或四分线上，并应在表层 100 mm 下或底层 100 mm 上取样，每个单样不少于 2 kg。取样点内如有最大尺寸大于 100 mm 的石灰，应将其砸碎，取能代表其质量的部分碎块破碎，通过 20 mm 的试验筛后得到单样，取得的单样应立即装入洁净、干燥、防潮的密闭容器或密封袋中。

(2)输送带或石灰库、散装车的进出料口取样

对于块状石灰,采用取样铲或普通尖头钢锹取样。从每个检验批流动的生石灰中有规律地间隔取12个单样,每个单样不少于2 kg。取样点内如有最大尺寸大于100 mm的石灰,按堆场、仓库、车(船)取样方法处理。

对于粉状石灰、消石灰,采用取样管或取样铲取样,也可采用自动取样器取样。从每个检验批流动性的生石灰粉或消石灰粉中有规律地间隔抽取10个单样,每个单样不少于0.5 kg。

取得的单样应立即装入洁净、干燥、防潮的密闭容器或密封袋中。

(3)石灰窑出料口取样法

根据石灰窑出料口的卸料方式、石灰温度选择合适的取样部位,按输送带或石灰库、散装车的进出料口取样方法取样。

(4)袋装取样

对于不大于100 kg的袋装石灰,在每个检验批中随机抽取10袋(包装袋应完好无损),采用手工取样管取样。将取样管从袋口斜插到袋内适当深度,取出一管石灰,每袋石灰的取样量不少于0.5 kg。

对于不小于1 000 kg的袋装石灰,在每个检验批中随机抽取6袋(包装袋应完好无损)。块状石灰采用取样铲取样,在中心线上均匀取两个部位,按堆场、仓库、车(船)取样方法取样;粉状石灰用取样管取样,在中心线上均匀取两个部位,将取样管从袋口斜插到袋内适当深度,取出一管石灰,每个单样量不少于0.5 kg。

取得的单样应立即装入洁净、干燥、防潮的密闭容器或密封袋中。

6. 试样制备

混合样的制备:将每一检验批取得的单样启封后立即均匀混合,采用四分法缩分,块状生石灰缩分至不少于9 kg,生石灰粉或消石灰粉缩分至不少于1 kg。

试验样与封存样制备:将缩分后的混合样均分,一份为试验样,一份为封存样。

7. 包装与储存

取得的试验样和封存样应分别立即储存在洁净、干燥、防潮、不影响石灰性能的容器中密封。

样品应储存于干燥环境中,样品容器上应有清晰且不易擦掉的标有产品名称、编号、取样地点和取样人的密封条。

1.1.2 石灰相关知识

1. 石灰的定义

石灰是一种以氧化钙为主要成分的无机胶凝材料,也是人类较早使用的无机胶凝材料之一,其原料分布广,生产工艺简单,使用历史悠久。石灰成本低廉,在土木工程中应用广泛。

(1)生石灰

生石灰由石灰石焙烧而成,呈块状、粒状或粉状,化学成分主要为氧化钙,可与水发生放

热反应生成消石灰。

(2)钙质石灰

钙质石灰主要由氧化钙或氢氧化钙组成,而不添加任何水硬性或火山灰质材料。

(3)镁质石灰

镁质石灰主要由氧化钙和氧化镁[$\omega(MgO)>5\%$]或氢氧化钙和氢氧化镁组成,而不添加任何水硬性或火山灰质材料。

2.石灰的分类和标记

(1)分类

石灰按加工情况:可分为建筑生石灰、建筑生石灰粉。

石灰按化学成分:可分为钙质石灰(代号CL)、镁质石灰(代号ML)。根据化学成分含量不同,建筑生石灰可分为不同等级,见表1.1.2。

表1.1.2 建筑生石灰的分类

类别	名称	代号
钙质石灰	钙质石灰90	CL 90
	钙质石灰85	CL 85
	钙质石灰75	CL 75
镁质石灰	镁质石灰85	ML 85
	镁质石灰80	ML 80

建筑消石灰分类按扣除游离水和结合水后($CaO+MgO$)的百分含量加以分类,见表1.1.3。

表1.1.3 建筑消石灰的分类

类别	名称	代号
钙质消石灰	钙质消石灰90	HCL 90
	钙质消石灰85	HCL 85
	钙质消石灰75	HCL 75
镁质消石灰	镁质消石灰85	HML 85
	镁质消石灰80	HML 80

(2)标记

①建筑生石灰

建筑生石灰的识别标志由产品名称、加工情况和产品依据标准编号组成。生石灰块在代号后面加Q,生石灰粉在代号后面加QP。

示例:

符合JC/T 479—2013的钙质生石灰粉90标记为CL 90-QP JC/T 479—2013。

说明:CL——钙质石灰;

90——($CaO+MgO$)百分含量;

QP——粉状;

JC/T 479—2013——产品依据标准。

②建筑消石灰

建筑消石灰的识别标志由产品名称和产品依据标准编号组成。

示例：

符合 JC/T 481—2013 的钙质消石灰 90 标记为 HCL 90 JC/T 481—2013。

说明：HCL——钙质消石灰；

90——(CaO+MgO)百分含量；

JC/T 481—2013——产品依据标准。

3. 石灰的生产

气硬性生石灰由石灰石（包括钙质石灰石和镁质石灰石）焙烧而成，呈块状、粒状或粉状，化学成分主要为氧化钙，可与水发生放热反应生成消石灰。

$$CaCO_3 \xrightarrow{900\sim1\ 000\ ℃} CaO + CO_2$$

石灰石的分解温度约 900 ℃，但为了加速分解过程，煅烧温度通常提高，在 1 000～1 100 ℃。在煅烧过程中，若温度过低或煅烧时间不足，使得 $CaCO_3$ 不能完全分解，将生成欠火石灰（又称欠火灰）。如果煅烧时间过长或温度过高，将生成颜色较深、块体致密的过火石灰（又称过火灰）。欠火灰 CaO 含量较低，熟化时石灰的出浆率也低，降低了石灰的利用率。过火灰质地密实，熟化速度较慢，若熟化不彻底，容易影响工程质量。品质好的石灰应该煅烧均匀、易熟化、石灰膏产量高。

石灰生产设备主要有立窑、回转窑、土窑和工业微波炉。立窑应用较广泛，耗能少，产品质量高。回转窑多用来煅烧松、软、强度低或小块的石灰石。土窑生产能力低，耗能大，产品质量差。工业微波炉生产高质量石灰产品，产量小、周期极短、耗能小、产品质量高。

4. 石灰的熟化

块状生石灰作为气硬性胶凝材料在使用前应加水熟化（又称消解）成熟石灰（又称消石灰），其反应式为

$$CaO + H_2O \rightleftharpoons Ca(OH)_2 + 64.9\ kJ$$

生石灰熟化时体积膨胀 1～2.5 倍，并放出大量的热。石灰水化反应时放热很剧烈。一般煅烧良好、氧化钙含量高、杂质少的生石灰，不仅消化速度快，而且放热量大。未彻底熟化的石灰（过火灰未熟化）不得用于拌制砂浆，以防抹灰后出现凸包裂纹。在建筑工地应及时将块状石灰放在化灰池内，加水后经过两周以上的时间让其彻底熟化，这个过程称为陈伏。过火灰在这一期间将慢慢熟化，陈伏期间，石灰膏表面应保有一层水分，使其隔绝空气，以免与空气中二氧化碳发生碳化反应。

5. 石灰的硬化

石灰水化后逐渐凝结硬化，主要包括以下两个过程。石灰硬化过程示意如图 1.1.1 所示。

(1)干燥结晶硬化

石灰浆体在干燥过程中，游离水分蒸发，形成网状孔隙，这些滞留于孔隙中的自由水，由于表面张力的作用而产生毛细管压力，使石灰粒子更紧密，且由于水分蒸发，使氢氧化钙从

饱和溶液中逐渐结晶析出。

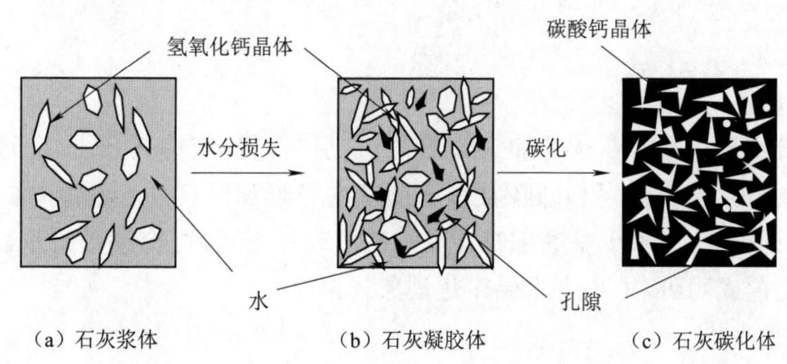

图1.1.1　石灰硬化过程示意

(2)碳化硬化

$Ca(OH)_2$与空气中的CO_2和水反应,形成不溶于水的碳酸钙晶体,析出的水分则逐渐被蒸发。由于碳化作用主要发生在与空气接触的表层,且生成的$CaCO_3$膜层较致密,阻碍了空气中二氧化碳的渗入,也阻碍了内部水分向外蒸发,因此碳化过程缓慢。

6.石灰的特性

(1)可塑性好

生石灰熟化为石灰膏时,能自动形成颗粒极细的呈胶体分散状态的氢氧化钙,表面吸附一层厚的水膜。因此,用石灰调成的石灰砂浆,其突出的优点是具有良好的可塑性,在水泥砂浆中,掺入石灰膏更有利于提高砂浆的可塑性,相对而言,消石灰粉的颗粒较粗,其流动性、可塑性不如石灰浆。

(2)硬化较慢、强度低

从石灰浆体的硬化过程可以看出,其碳化甚为缓慢,而且表面碳化后,形成紧密外壳,不利于碳化作用的深入,也不利于内部水分的蒸发,因此石灰是硬化缓慢的材料。同时,石灰的硬化只能在空气中进行。硬化后的强度也不高,28 d抗压强度通常只有0.2～0.5 MPa,若直接使用消石灰粉,强度更低。

(3)硬化时体积收缩大

石灰在硬化过程中,由于大量的游离水蒸发,从而引起显著的体积收缩,所以调制成石灰乳作薄层涂刷外,不宜单独使用,工程上常在其中掺入砂、各种纤维材料等减少收缩。

(4)耐水性差

硬化后的石灰受潮后,其中的氢氧化钙和氧化钙会溶解,强度更低,在水中还会溃散,所以石灰不宜在潮湿的环境中使用,也不宜单独用于建筑物基础。

(5)吸湿性强

块状生石灰在放置过程中,会缓慢吸收空气中的水分,而自动熟化成消石灰粉,再与空气中的二氧化碳作用生成碳酸钙,失去胶结能力。

储存生石灰,不但要防止受潮,而且不宜储存过久。最好运到工地后(或熟化工厂)立即熟化成石灰浆，将储存期变成陈伏期，由于生石灰受潮，熟化时放出大量的热，而且体积膨胀，所以储存和运输生石灰时还要注意安全。

7. 石灰的应用

(1)配制石灰乳

将消石灰粉或熟化好的石灰膏加入大量的水搅拌稀释，成为石灰乳。石灰乳是一种廉价易得的涂料，主要用于内墙和天棚刷白，增加室内美观和亮度，石灰乳中加入各种耐碱颜料，可形成彩色石灰乳；加入少量磨细粒化高炉矿渣或粉煤灰，可提高其耐水性；加入聚乙烯醇、干酪素、氯化钙或明矾，可减少涂层粉化现象。

(2)配制砂浆

由于石灰膏和消石灰粉中氢氧化钙颗粒非常小，拌水后具有很好的可塑性，因而常可用石灰膏或消石灰粉配制水泥石灰混合砂浆。石灰砂浆应用于吸水性较大的基面(如加气混凝土砌块)上时，应事先将基面润湿，以免石灰浆脱水过速而成为干粉，丧失胶结能力。

(3)配制石灰土和三合土

石灰与黏土拌和后称为灰土或石灰土，再加砂或炉渣、石屑等即成为三合土。石灰改善了黏土的和易性，在强力夯打之下大大提高了紧密度，而且黏土颗粒表面的少量活性氧化硅和氧化铝与氢氧化钙起化学反应，生成了不溶性水化硅酸钙和水化铝酸钙，因而提高了黏土的强度和耐水性，石灰土中石灰用量增大，则强度和耐水性提高，但超过某一用量后就不再提高了。一般石灰用量为石灰土总量的6%～12%或更低。灰土和三合土的应用在我国已有数千年的历史，主要用于建筑物的地基基础和道路工程的基层、垫层。

(4)制作硅酸盐制品

石灰是制作硅酸盐制品的主要原料之一，硅酸盐制品是以磨细的石灰与硅质材料为胶凝材料，必要时加入少量石膏，经养护(蒸汽养护或蒸压养护)，生成以水化硅酸钙为主要产物的建筑材料。硅酸盐制品中常用的硅质材料，有粉煤灰磨细的煤矸石、页岩、浮石和砂等，常用的硅酸盐制品有蒸压灰砂砖、蒸压加气混凝土砌块或板材等。

1.1.3　任务测评

1. 素质测评

石灰取样素养点见表1.1.4，做到即得分，未做到即零分。

表1.1.4　石灰取样操作素质测评表

序号	素养点	配分	得分
1	以目标为导向，具有合作意识	20	
2	安全意识，仪器、设备及工具安全检查	20	
3	节约环保意识，试样不飞溅、不洒落	20	
4	仪器、工具、试验台清洁及整理	20	
5	诚信意识，真实记录原始数据	20	
总分		100	

2. 知识测评

学生确定本任务关键词，按重要程度进行关键词排序并举例解读。

学生根据对本次任务重要信息捕捉、排序、表达、创新和划分权重能力进行自评，满分100分，见表1.1.5。

表1.1.5　石灰取样操作知识测评表

序号	关键词	举例解读	评分
1			
2			
3			
总分			

3. 能力测评

完成石灰取样任务，填写石灰取样单，见表1.1.6。本任务所列内容，操作规范即得分，操作错误或未操作即零分，见表1.1.7。

表1.1.6　石灰取样单

样品名称		生产厂家	
编号		取样数量	
取样单位		取样人	
见证单位		见证人	
取样地点		取样日期	
依据标准			
备　　注			

表1.1.7　石灰取样操作能力测评表

序号	技能点	配分	得分
1	石灰外观状态检查	10	
2	石灰品种、规格、产地、编号等基本信息检查	20	
3	袋装石灰取样过程控制	30	
4	散装石灰取样过程控制	20	
5	正确填写取样单	20	
总分		100	

4. 拓展训练

(1)请列举石灰取样过程中易出现的问题，分析产生问题的原因，并制定解决措施。

(2)现有石灰试验样待检测，请分析需要检测的物理指标有哪些，并思考如何判定产品合格。

(3)请绘制思维导图，按照学习目标三要素，对石灰取样操作的学习收获进行总结。

(4)通过对石灰的学习体会中国古代劳动人民的智慧,增强民族自豪感。

1.1.4　任务总结与反思

完成任务总结报告,见表1.1.8。

表1.1.8　任务总结报告

班级:	姓名:	学号:	完成时间:
任务名称:石灰取样		组长签字:	教师签字:
类别	内容	学生总结	教师点评
知识点	生石灰		
	熟石灰		
	石灰的特性		
技能点	正确使用天平		
	正确使用取样工具		
	正确控制取样量		
	正确储存封存样		
	填写取样单		
反思			

任务1.2　生石灰产浆量和未消化残渣含量检测

1.2.1　生石灰产浆量、未消化残渣含量检测操作步骤

1.检测目的及依据

生石灰产浆量是生石灰与足够量的水作用,在规定时间内产生的石灰浆的体积,以L/10 kg表示。它是表征钙质生石灰块物理性能的技术指标。

依据标准:《建筑石灰试验方法　第1部分:物理试验方法》(JC/T 478.1—2013);《建筑生石灰》(JC/T 479—2013)。

2.主要仪器设备

生石灰产浆量和未消化残渣含量检测的主要仪器设备,见表1.2.1。

表1.2.1　生石灰产浆量和未消化残渣含量检测仪器设备

仪器名称	仪器图片	仪器名称	仪器图片
生石灰消化器		生石灰浆渣测定仪	

续上表

仪器名称	仪器图片	仪器名称	仪器图片
量筒		钢板尺 (规格 300 mm)	
天平(精确度 1 g)		烘箱 (最高温度 200 ℃)	
搪瓷盘(宽 200 mm×长 300 mm)			

3. 试验步骤

在消化器中加入(320±1)mL、温度为(20±2)℃的水,然后加入(200±1)g 生石灰(将块状石灰碾碎成小于 5 mm 的颗粒),慢慢搅拌混合物,然后根据生石灰的消化需要立即加入适量的水。继续搅拌片刻后,盖上生石灰消化器的盖子。静置 24 h 后,取下盖子,若此时消化器内石灰膏顶面之上有不超过 40 mL 的水,说明消化过程中加入的水量是合适的,否则调整加水量。测定石灰膏的高度,结果取四次测定的平均值,计算产浆量。

提起消化器内筒,用清水冲洗桶内残渣,至水流不浑浊(冲洗用清水仍倒入筛筒内,水总体积控制在 3 000 mL),将残渣移入搪瓷盘内,在 100~105 ℃烘箱中烘干至恒重,冷却至室温后,用 5 mm 试验筛筛分、称量筛余物,计算未消化残渣含量。

4. 结果计算

生石灰消化器每 2 mm 高度产浆量为 1 L/10 kg。

以每 2 mm 的浆体高度标识产浆量,按以下公式计算产浆量:

$$X=\frac{H}{2} \tag{1.2.1}$$

式中 X——产浆量,L/10 kg;

H——四次测定的浆体高度平均值,mm。

按以下公式计算未消化残渣百分含量：

$$X_3=\frac{M_3}{M}\times 100\% \qquad (1.2.2)$$

式中 X_3——未消化残渣百分含量，%；

M_3——未消化残渣质量，g；

M——样品质量，g。

1.2.2 生石灰产浆量、未消化残渣含量检测相关知识

1. 生石灰产浆量、未消化残渣含量的定义

生石灰产浆量是生石灰与足够量的水熟化，在规定时间内产生的石灰浆的体积，以L/10 kg表示。石灰产浆量越高，表明石灰的质量越好。未消化残渣含量是指生石灰熟化后，未能熟化而存留在5 mm圆孔筛上的残渣质量占试样总质量的百分率。未消化残渣含量越高，表明石灰的质量越差。

2. 石灰的化学成分

(1)建筑生石灰的化学成分

建筑生石灰的化学成分应符合表1.2.2的要求。

表1.2.2 建筑生石灰的化学成分(%)

名称	(氧化钙+氧化镁)(CaO+MgO)	氧化镁(MgO)	二氧化碳(CO_2)	三氧化硫(SO_3)
CL 90-Q CL 90-QP	≥90	≤5	≤4	≤2
CL 85-Q CL 85-QP	≥85	≤5	≤7	≤2
CL 75-Q CL 75-QP	≥75	≤5	≤12	≤2
ML 85-Q ML 85-QP	≥85	>5	≤7	≤2
ML 80-Q ML 80-QP	≥80	>5	≤7	≤2

(2)建筑消石灰的化学成分

建筑消石灰的化学成分应符合表1.2.3的要求。

表1.2.3 建筑消石灰的化学成分(%)

名称	(氧化钙+氧化镁)(CaO+MgO)	氧化镁(MgO)	三氧化硫(SO_3)
HCL 90 HCL 85 HCL 75	≥90 ≥85 ≥75	≤5	≤2
HML 85 HML 80	≥85 ≥80	>5	≤2

注：表中数值以试样扣除游离水和化学结合水后的干基为基准。

3. 石灰的物理性质

建筑生石灰产浆量和细度应符合表1.2.4的要求。

表1.2.4　建筑生石灰的物理性质

名称	产浆量（L/10 kg）	细度	
		0.2 mm筛余量（%）	90 μm筛余量（%）
CL 90-Q CL 90-QP	≥26 —	— ≤2	— ≤7
CL 85-Q CL 85-QP	≥26 —	— ≤2	— ≤7
CL 75-Q CL 75-QP	≥26 —	— ≤2	— ≤7
ML 85-Q ML 85-QP	—	— ≤2	— ≤7
ML 80-Q ML 80-QP	—	— ≤7	— ≤2

注：其他物理特性，根据用户要求，可按照JC/T 478.1进行测试。

1.2.3　任务测评

1. 素质测评

生石灰产浆量和未消化残渣含量检测的素养点，做到即得分，未做到即零分，见表1.2.5。

表1.2.5　生石灰产浆量、未消化残渣检测含量素质测评表

序号	素养点	配分	得分
1	试验时做好安全防护	20	
2	仪器、设备及工具安全检查	20	
3	仪器、工具、试验台清洁及整理	20	
4	节约环保意识，试验过程节约原料和能源	20	
5	试验过程合理的时间控制	20	
总分		100	

2. 知识测评

学生确定本任务关键词，按重要程度进行关键词排序并举例解读。

学生根据对本次任务重要信息捕捉、排序、表达、创新和划分权重能力进行自评，满分100分，见表1.2.6。

表1.2.6　生石灰产浆量、未消化残渣含量检测知识测评表

序号	关键词	举例解读	评分
1			
2			
3			
总分			

3. 能力测评

对生石灰产浆量和未消化残渣含量进行检测，完成检测报告，见表 1.2.7。本任务所列内容，操作规范即得分，操作错误或未操作即零分，见表 1.2.8。

表 1.2.7 生石灰产浆量和未消化残渣含量检测报告

石灰品种		样品标记符号		代表批量(t)	
生产厂家				出厂编号	
样品说明及状态					
烘干后试样状态描述					
安定性					
依据标准					
备注					

表 1.2.8 生石灰产浆量、未消化残渣含量检测能力测评表

序号	技能点	配分	得分
1	称量生石灰	10	
2	量取拌和用水	20	
3	石灰膏消化过程控制	20	
4	未消化残渣冲洗及烘干过程控制	30	
5	计算及合格性判定	20	
总分		100	

4. 拓展训练

(1)请列举生石灰产浆量、未消化残渣含量检测过程中易出现的问题，分析产生问题的原因，并制定解决措施。

(2)拓展案例分析：某住宅使用石灰厂处理的石灰做粉刷，数月后粉刷层多处向外拱起，还出现一些裂缝，请分析原因。

(3)请绘制思维导图，按照学习目标三要素，对生石灰产浆量、未消化残渣含量测定的学习收获进行总结。

1.2.4 任务总结与反思

完成任务总结报告，见表 1.2.9。

表 1.2.9　任务总结报告

班级：	姓名：	学号：	完成时间：
任务名称：生石灰产浆量和未消化残渣含量检测		组长签字：	教师签字：
类别	内容	学生总结	教师点评
知识点	生石灰产浆量		
	未消化残渣		
	生石灰产浆量的合格性判定		
技能点	正确使用天平		
	正确使用量筒		
	石灰膏消化过程控制		
	未消化残渣冲洗过程控制		
	计算产浆量、未消化残渣含量		
反思			

项目2

石膏检测

项目描述

对建筑石膏相关技术指标进行检测。

项目要求

对建筑石膏技术指标进行检测,检测仪器、检测方法、检测步骤等需严格遵循国家标准及行业规范。同时做好安全防护,正确使用仪器和工具,完成石膏凝结时间测定、石膏强度测定等检测任务。

学习目标

1. 素质目标

(1)具有正确的世界观、人生观、价值观,具有深厚的爱国情感和中华民族自豪感;

(2)具有良好的职业道德和职业素养,诚实守信、爱岗敬业;

(3)具有以目标为导向的集体意识和团队合作精神,能够进行有效的人际沟通和协作,能够与小组成员团结合作完成任务;

(4)具有安全意识和创新精神。

2. 知识目标

(1)掌握建筑石膏的组成、分类、特性及其试验条件;

(2)掌握石膏凝结时间测定方法,并完成检测报告;

(3)掌握石膏强度测定方法,并完成检测报告。

3. 能力目标

(1)具有完成石膏凝结时间测定并出具检测报告的能力;

(2)具有完成石膏强度测定并出具检测报告的能力。

项目引入

(1)学习载体

按标准取样方法选取的待测建筑石膏样品。

(2)相关标准

《建筑石膏》(GB/T 9776—2022);

《建筑石膏　一般试验条件》(GB/T 17669.1—1999);

《建筑石膏　净浆物理性能的测定》(GB/T 17669.4—1999);

《建筑石膏　力学性能的测定》(GB/T 17669.3—1999)。

(3)案例引入

某工程建设项目新进一批建筑石膏,根据项目建设工程施工质量验收标准规定,对建筑石膏的凝结时间、强度等进行测定,判断该批石膏是否合格。

建筑废弃物的资源化利用

随着我国建筑行业的快速发展,大规模废旧建筑的改造拆建导致废弃混凝土产量与日俱增。大量建筑垃圾对环境产生巨大威胁,污染水资源、空气以及土壤。另一方面,未来现代化基础设施体系的建设对混凝土的需求量将持续增长。混凝土的制备需要消耗大量天然砂石骨料,而砂石作为短期不可再生资源,过度开采必然加重生态环境的负担。因此,建筑废弃物的资源化利用不仅可以减少天然石材的消耗,还可以减少固体垃圾的排放,可以最大限度地减少土地和环境的退化。

废弃混凝土块、废气砖石等建筑废弃物通过机械设备破碎处理之后,可得到再生粗、细骨料,用于建筑地基加固、道路垫层等施工中。如果骨料足够精细,甚至可取代砂子、石子,作为混凝土配制的原材料。建筑垃圾中的渣土可用于制作渣土砖、废弃的砖石和混凝土砌块等,破碎之后再加入适量的辅助材料,可生产轻质砖、再生混凝土,实现废物利用,降低建筑工程的建设成本。

建筑废弃物的资源化处置与综合利用,既解决了建筑垃圾堆积占用土地资源和破坏生态环境的困境,又实现了建筑垃圾资源再开发,使建筑废弃物成为可用资源,创造更多的经济效益。

任务 2.1　石膏凝结时间测定

2.1.1　石膏凝结时间检测操作步骤

1. 检测目的及依据

石膏凝结时间测定根据《建筑石膏　净浆物理性能的测定》(GB/T 17669.4—1999)进行。

通过针入法测定石膏的凝结时间,评定石膏净浆的物理性能是否达到标准要求。

2. 主要仪器设备

石膏凝结时间测定的主要仪器设备,见表 2.1.1。

表 2.1.1 石膏凝结时间测定仪器设备

仪器名称	仪器图片
稠度仪	
凝结时间测定仪	
石膏标准搅拌容器与拌和棒	
天平(精确度 1 g)	

3. 试验步骤

(1)试验准备

试验前所用的设备仪器应保持清洁,不能有水或其他物质附着于仪器表面,严格按照国标要求处理试样。

(2)试验过程

①石膏标准稠度用水量的测定

试样按下述步骤连续测定两次:先将稠度仪的筒体内部及玻璃板擦净,并保持湿润,将筒体复位,垂直放置于玻璃板上。将估计的标准稠度用水量的水倒入搅拌碗中,称取试样 300 g,在 5 s 内倒入水中,用拌和棒搅拌 30 s,得到均匀的石膏浆,然后边搅拌边迅速注入稠度仪筒体内,并用刮刀刮去溢浆,使浆面与筒体上端面齐平。从试样与水接触开始至 50 s 时,启动仪器提升按钮。将筒体提去后,测定料浆扩展成的试饼两垂直方向上的直径,计算其算术平均值。记录料浆扩展直径等于 180 mm±5 mm 时的加水量,此时加入的水的质量与试样的质量之比以百分数表示。取两次测定结果的平均值作为该试样标准稠度用水量,精确至 1%。

②石膏凝结时间的测定

试样按下述步骤连续测定两次:按标准稠度用水量称量水,并把水倒入搅拌碗中,称取试样 200 g，在 5 s 内将试样倒入水中。用拌和棒搅拌 30 s，得到均匀的料浆，倒入环模中，然后将玻璃底板抬高约 10 mm，上下振动五次。用刮刀刮去溢浆，并使料浆与环模上端齐平。将装满料浆的环模连同玻璃底板放在仪器的钢针下，使针尖与料浆的表面相接触，且离开环模边缘大于 10 mm。迅速放松杆上的固定螺钉，针即自由地插入料浆中。每隔 30 s 重复一次，每次都应改变插点，并将针擦净、校直。

记录从试样与水接触开始，至钢针第一次碰不到玻璃底板所经历的时间，即试样的初凝时间。记录从试样与水接触开始，至钢针第一次插入料浆的深度不大于 1 mm 所经历的时间，即试样的终凝时间。

取两次测定结果的平均值，作为该试样的初凝时间和终凝时间，精确至 1 min。

2.1.2　石膏的相关知识

石膏胶凝材料是以硫酸钙为主要成分的无机气硬性胶凝材料。由于石膏胶凝材料及其制品具有许多优良的性能，原料来源丰富，生产能耗较低，因而在建筑工程中得到广泛应用。目前常用的石膏胶凝材料有建筑石膏、高强石膏等。

1. 石膏的定义和分类

建筑石膏是由天然石膏或工业副产石膏经脱水处理制得的，以 β 半水硫酸钙（$\beta\text{-}CaSO_4 \cdot 0.5H_2O$）为主要成分，不预加任何外加剂或添加物的粉状胶凝材料。

建筑石膏是由二水石膏在 107～170 ℃的干燥条件下加热脱水而成的。二水石膏在温度为 65～75 ℃时脱水，至 107～170 ℃时生成 β 半水石膏，其反应式为

$$CaSO_4 \cdot 2H_2O \xrightarrow{107\sim170\ ℃} \beta\text{-}CaSO_4 \cdot \frac{1}{2}H_2O + \frac{3}{2}H_2O$$

石膏还有天然建筑石膏、脱硫建筑石膏和磷建筑石膏。

(1)天然建筑石膏：以天然石膏为原料制成的建筑石膏，代号 N。

(2)脱硫建筑石膏：以石灰、氢氧化钙或石灰石湿法脱除烟气中二氧化硫时产生的以二水硫酸钙（$CaSO_4 \cdot 2H_2O$）为主要成分的副产品为原料制成的建筑石膏，代号 S。

(3)磷建筑石膏：以磷矿石湿法制取磷酸时产生的以二水硫酸钙为主要成分的副产品为原料制成的建筑石膏，代号 P。

高强石膏是置于具有 0.13 MPa、124 ℃的过饱和蒸汽条件下蒸压，或置于某些盐溶液中沸煮，可获得晶粒较粗、较致密的 α 半水石膏（$\alpha-CaSO_4 \cdot 0.5H_2O$）。建筑石膏晶粒较细，调制成一定稠度的浆体时，需水量较大，因而强度较低。高强石膏晶粒粗大，调制成浆体时需水量小，因而强度较高。

2. 建筑石膏的水化硬化

建筑石膏与适量的水相混合，最初成为可塑的浆体，但很快就失去塑性并产生强度，并发展成为坚硬的固体，这一过程可从水化和硬化两方面分别说明。

(1)建筑石膏的水化

建筑石膏加水拌和，与水发生水化反应：

$$CaSO_4 \cdot \frac{1}{2}H_2O + \frac{3}{2}H_2O \longrightarrow CaSO_4 \cdot 2H_2O$$

建筑石膏加水后，首先溶解于水，由于二水石膏在水中的溶解度比半水石膏小得多(仅为半水石膏溶解度的1/5)，半水石膏的饱和溶液对于二水石膏就成了过饱和溶液，所以二水石膏以胶体大小微粒自水中析出，直到半水石膏全部耗尽。这一过程进行得很快，需7～12 min。

(2)建筑石膏的硬化

石膏浆体中的自由水分因其蒸发和水化而逐渐减少，粒子总表面积增加，因而浆体可塑性逐渐减小，浆体渐渐变稠，这一过程称为凝结。其后，浆体继续变稠，逐渐凝聚成为晶体。晶体逐渐长大，共生和相互交错，浆体逐渐产生强度并不断增长，直到完全干燥，晶体之间的摩擦力和黏结力不再增加，强度才停止发展，这一过程称为建筑石膏的硬化。

3.建筑石膏的性能与技术要求

1)建筑石膏的性能

(1)凝结硬化快。

(2)凝结硬化时体积微膨胀。石膏浆体在凝结硬化初期会产生微膨胀。石膏制品的表面光滑、细腻、尺寸精确、形体饱满、装饰性好。

(3)质量轻、强度低。

(4)硬化后孔隙率高，具有一定吸湿性。

(5)防火性好。

(6)耐水性、抗冻性差。

2)建筑石膏的技术要求

按2 h湿抗折强度分为4.0、3.0、2.0三个强度等级。建筑石膏的物理力学性能应符合要求，见表2.1.2。

表2.1.2 建筑石膏的物理力学性能

等级	凝结时间(min)		强度(MPa)			
			2 h湿强度		干强度	
	初凝	终凝	抗折	抗压	抗折	抗压
4.0	≥3	≤30	≥4.0	≥8.0	≥7.0	≥15.0
3.0			≥3.0	≥6.0	≥5.0	≥12.0
2.0			≥2.0	≥4.0	≥4.0	≥8.0

3)石膏检测试验的一般规定

试验室环境温度一般应为20 ℃±5 ℃，试验仪器、设备及材料(试样、水)的温度应为室温。空气相对湿度应为65%±10%。

试验室样品应保存在密闭的容器中。分析试验用水应为去离子水或蒸馏水，物理力学性能试验用水应为洁净的城市生活用水。

拌和用的容器和制备试件用的模具应能防漏，因此应使用不与硫酸钙反应的防水材料(如玻璃、铜、不锈钢、硬质钢等，不包括塑料)制成。

由于二水硫酸钙颗粒的存在能形成晶核，对建筑石膏的性能有极大的影响，所以全部试验用容器、设备都应保持十分清洁，尤其应清除已凝固石膏。

4)石膏的凝结时间

石膏浆体的凝结和硬化是一个连续的过程。凝结可以分为初凝和终凝两个阶段。将浆体开始失去可塑性的状态,称为浆体初凝,从加水至初凝的这段时间称为初凝时间,浆体完全失去可塑性并开始产生强度,称为浆体终凝,从加水至终凝的时间称为终凝时间。

2.1.3 任务测评

1. 素质测评

石膏凝结时间测定的素养点,做到即得分,未做到即零分,见表2.1.3。

表2.1.3 石膏凝结时间检测素质测评表

序号	素养点	配分	得分
1	安全意识,试验时做好安全防护	20	
2	仪器、设备及工具安全检查	20	
3	仪器、工具、试验台清洁及整理	20	
4	节约环保意识,试验过程节约原料和能源	20	
5	实事求是记录数据	20	
总分		100	

2. 知识测评

确定本任务关键词,按重要程度进行关键词排序并举例解读。

学生根据对本次任务重要信息捕捉、排序、表达、创新和划分权重能力进行自评,满分100分,见表2.1.4。

表2.1.4 石膏凝结时间检测知识测评表

序号	关键词	举例解读	评分
1			
2			
3			
总分			

3. 能力测评

检测石膏凝结时间,完成检测报告,见表2.1.5。本任务所列内容,操作规范即得分,操作错误或未操作即零分,见表2.1.6。

表2.1.5 石膏凝结时间检测报告

石膏品种			强度等级	
生产厂家			出厂编号	
检测项目	标准要求	检测结果		平均值
初凝时间(min)				
终凝时间(min)				
依据标准				
检测结论				
备注				

表 2.1.6 石膏凝结时间检测能力测评表

序号	技能点	配分	得分
1	称量石膏	10	
2	正确选取测定仪器	20	
3	正确测定石膏凝结时间	30	
4	仪器设备的后续清洗、放置	20	
5	合格性判定	20	
总分		100	

4. 拓展训练

(1)请列举石膏凝结时间检测过程中易出现的问题,分析产生问题的原因,并制定解决措施。

(2)总结测定石膏凝结时间过程的注意事项。

2.1.4 任务总结与反思

完成任务总结报告,见表 2.1.7。

表 2.1.7 任务总结报告

班级：	姓名：	学号：	完成时间：
任务名称:石膏凝结时间测定		组长签字：	教师签字：
类别	内容	学生总结	教师点评
知识点	凝结时间指标		
	凝结时间的影响		
	细度合格性判定		
技能点	正确使用天平		
	正确使用石膏稠度仪		
	正确使用凝结时间测定仪		
	正确判定凝结状态		
反思			

任务 2.2 石膏强度测定

2.2.1 石膏强度检测操作步骤

1. 检测目的及依据

石膏凝结时间测定根据《建筑石膏　力学性能的测定》(GB/T 17669.3—1999)进行。

通过胶砂试件强度试验，评定石膏的强度是否达到标准要求。

2. 主要仪器设备

石膏强度测定所用的主要仪器设备，见表2.2.1。

表2.2.1　石膏强度测定仪器设备

仪器名称	仪器图片
天平(精确度1 g)	
成型试模	
石膏标准搅拌容器与拌和棒	
压力试验机	

3. 试验步骤

(1)试验准备

一次调和制备的建筑石膏量，应能填满制作三个试件的试模，并将损耗计算在内，所需料浆的体积为950 mL，采用标准稠度用水量，用式(2.2.1)、式(2.2.2)计算出建筑石膏用量和加水量。

$$m_g = 950 \div \left[0.4 + \frac{W}{P}\right] \tag{2.2.1}$$

式中 m_g——建筑石膏质量，g；

$\frac{W}{P}$——标准稠度用水量，应符合 GB/T 17669.4—1999 的规定。

$$m_w = m_g \times \frac{W}{P} \tag{2.2.2}$$

式中 m_w——加水量，g。

在试模内侧薄薄地涂上一层矿物油，并使连接缝封闭，以防料浆流失。先把所需加水量的水倒入搅拌容器中，再把已称量的建筑石膏倒入其中，静置 1 min，然后用拌和棒在 30 s 内搅拌 30 圈。接着，以 3 r/min 的速度搅拌，使料浆保持悬浮状态，然后用勺子搅拌至料浆开始稠化（即当料浆从勺子上慢慢落到浆体表面刚能形成一个圆锥为止）。

一边慢慢搅拌、一边把料浆舀入试模中。将试模的前端抬起约 10 mm，再使之落下，如此重复五次以排除气泡。

当从溢出的料浆判断已经初凝时，用刮平刀刮去溢浆，但不必反复刮抹表面。终凝后，在试件表面做上标记，并拆模。

(2)试验过程

①抗折强度操作程序

该试验使用三条试件，将试件置于抗折试验机的两根支承辊上，试件的成型面应侧立。试件各棱边与各辊保持垂直，并使加荷辊与两根支承辊保持等距。开动抗折试验机后逐渐增加荷载，最终使试件断裂，记录试件的断裂荷载值或抗折强度值。

抗折强度 R_f按式(2.2.3)计算：

$$R_f = \frac{6M}{b^3} \tag{2.2.3}$$

式中 R_f——抗折强度，MPa；

M——弯矩，N · mm；

b——试件方形截面边长，$b=40$ mm。

R_f值也可从抗折试验机的标尺中直接读取。

计算三个试件抗折强度平均值，精确至 0.05 MPa。如果所测得的三个 R_f值与其平均值之差不大于平均值的 15%，则用该平均值作为抗折强度值；如果有一个值与平均值之差大于平均值的 15%，应将此值舍去，以其余两个值计算平均值；如果有一个以上的值与平均值之差大于平均值的 15%，则用三个新试件重做试验。

②抗压强度操作程序

对已做完抗折试验后的不同试件上的三块截断试件进行试验。将试件成型面侧立，置于抗压夹具内，并使抗压夹具的中心处于上、下夹板的轴心上，保证上夹板球轴通过试件受压面中心。开动抗压试验机，使试件在开始加荷后 20～40 s 内破坏。

抗压强度 R_c按式(2.2.4)计算：

$$R_c=\frac{P}{S} \tag{2.2.4}$$

式中 R_c——抗压强度，MPa；

P——断裂荷载，N；

S——试件受压面积，1 600 mm^2。

计算三个试件抗压强度平均值，精确至 0.05 MPa。如果所测得的三个 R_f值与其平均值之差不大于平均值的 15%，则用该平均值作为抗压强度值；如果有一个值与平均值之差大于平均值的 15%，应将此值舍去，以其余两个值计算平均值；如果有一个以上的值与平均值之差大于平均值的 15%，则用三个新试件重做试验。

2.2.2 石膏强度检测相关知识

1. 石膏试件存放的一般规定

遇水后 2 h 就将作力学性能试验的试件，脱模后存放在试验室环境中。需要在其水化龄期后作强度试验的试件，脱模后立即存放于封闭处。在整个水化期间，封闭处空气的温度为 200 ℃±2 ℃、相对湿度为 90%±5%。每一类建筑石膏试件都应规定试件龄期。到达规定龄期后，用于测定湿强度的试件应立即进行强度测定。用于测定干强度的试件先在 40 ℃±4 ℃的烘箱中干燥至恒重，然后迅速进行强度测定。

每一类存放龄期的试件至少应保存三条，用于抗折强度的测定。做完抗折强度测定后得到的不同试件上的三块截断试件用作抗压强度测定，另外三块截断试件用于石膏硬度测定。

2. 石膏强度的指标合格性判定

石膏的强度分为抗折强度和抗压强度，根据《建筑石膏》(GB/T 9776—2022)，建筑石膏的物理力学性能应符合要求，见表 2.1.2。

3. 建筑石膏的应用

(1)石膏砂浆和粉刷石膏

由于建筑石膏的优良特性，常被用于室内高级抹灰和粉刷。建筑石膏加水、砂及缓凝剂拌和成石膏砂浆，可用于室内抹灰。石膏粉刷层表面坚硬，光滑细腻，不起灰，便于进行装饰，如贴墙纸、刷涂料等。由于石膏的“呼吸”作用，还有调节室内空气湿度，提高舒适度的功能。建筑石膏加水拌和成石膏浆体，可作为室内粉刷涂料，这时应加缓凝剂，以保证有足够的施工时间。

(2)建筑石膏板及装饰件

石膏板具有轻质、保温、隔热、吸声、防火、尺寸稳定及施工方便等性能，广泛应用于高层建筑及大跨度建筑的隔墙。常用石膏板有纸面石膏板、纤维石膏板、空心石膏板、吸声用穿孔石膏板和装饰石膏板等。建筑石膏还广泛应用于石膏角线等装饰件。

2.2.3　任务测评

1. 素质测评

石膏强度检测的素养点，做到即得分，未做到即零分，见表 2.2.2。

表 2.2.2　石膏强度检测素质测评表

序号	素养点	配分	得分
1	安全意识，试验时做好安全防护	20	
2	仪器、设备及工具安全检查	20	
3	节约环保意识，试验过程节约材料和能源	20	
4	试验台的清洁及整理	20	
5	记录真实数据	20	
总分		100	

2. 知识测评

确定本任务关键词，按重要程度进行关键词排序并举例解读。

学生根据对本次任务重要信息捕捉、排序、表达、创新和划分权重能力进行自评，满分 100 分，见表 2.2.3。

表 2.2.3　石膏强度检测知识测评表

序号	关键词	举例解读	评分
1			
2			
3			
总分			

3. 能力测评

检测石膏强度，完成检测报告，见表 2.2.4。本任务所列内容，操作规范即得分，操作错误或未操作即零分，见表 2.2.5。

表 2.2.4　石膏强度检测报告

<table>
<tr><td>石膏品种</td><td colspan="2"></td><td>强度等级</td><td></td></tr>
<tr><td>生产厂家</td><td colspan="2"></td><td>出厂编号</td><td></td></tr>
<tr><td rowspan="3">强度</td><td colspan="2">2 h抗折强度(MPa)</td><td colspan="2">2 h抗压强度(MPa)</td></tr>
<tr><td></td><td rowspan="2"></td><td></td><td rowspan="2"></td></tr>
<tr><td></td><td></td></tr>
<tr><td>依据标准</td><td colspan="4"></td></tr>
<tr><td>检测结论</td><td colspan="4"></td></tr>
<tr><td>备注</td><td colspan="4"></td></tr>
</table>

表 2.2.5 石膏强度检测能力测评表

序号	技能点	配分	得分
1	称量石膏,加水搅拌	10	
2	倒入模具中成型	20	
3	抗压强度测试	30	
4	抗折强度测试	20	
5	计算及等级判定	20	
总分		100	

4.拓展训练

(1)请列举石膏强度检测过程中易出现的问题,分析产生问题的原因,并制定解决措施。

(2)总结使用压力机过程中的注意事项。

2.2.4 任务总结与反思

完成任务总结报告,见表2.2.6。

表 2.2.6 任务总结报告

班级:	姓名:	学号:	完成时间:
任务名称:石膏强度测定		组长签字:	教师签字:
类别	内容	学生总结	教师点评
知识点	石膏抗压强度		
	石膏抗折强度		
	强度等级评定		
技能点	正确使用天平		
	正确成型试块		
	正确使用压力机		
	正确评定石膏强度等级		
	数据整理与分析		
反思			

项目3

水泥检测

项目描述

对通用硅酸盐水泥相关技术指标进行检测。

项目要求

对通用硅酸盐水泥技术指标进行检测，检测仪器、检测方法、检测步骤等需严格遵循国家标准及行业规范。同时做好安全防护，正确使用仪器和工具，完成水泥的取样，水泥细度、比表面积、标准稠度用水量、凝结时间、安定性及胶砂强度等检测任务。

学习目标

1. 素质目标

(1)具有正确的世界观、人生观、价值观，具有深厚的爱国情感和中华民族自豪感；

(2)具有良好的职业道德和职业素养，诚实守信、爱岗敬业；

(3)具有以目标为导向的集体意识和团队合作精神，能够进行有效的人际沟通和协作，能够与小组成员团结合作完成任务；

(4)具有安全意识和创新精神。

2. 知识目标

(1)掌握通用硅酸盐水泥的组成、分类、特性及应用；

(2)掌握水泥取样方法，并完成取样单；

(3)掌握水泥细度测定方法，并完成检测报告；

(4)掌握水泥比表面积测定方法，并完成检测报告；

(5)掌握水泥标准稠度用水量、凝结时间、安定性测定方法，并完成检测报告；

(6)掌握水泥胶砂强度检测方法，并完成检测报告。

3. 能力目标

(1)具有完成水泥取样并出具取样单的能力；

(2)具有完成水泥细度测定并出具检测报告的能力；

(3)具有完成水泥比表面积测定并出具检测报告的能力;

(4)具有完成水泥标准稠度用水量、凝结时间、安定性测定并出具检测报告的能力;

(5)具有完成水泥胶砂强度检测并出具检测报告的能力。

项目引入

(1)学习载体

按标准取样方法选取待测通用硅酸盐水泥样品,进行相关技术指标检测。

(2)相关标准

《通用硅酸盐水泥》(GB 175—2023);

《水泥取样方法》(GB/T 12573—2008);

《水泥细度检验方法 筛析法》(GB/T 1345—2005);

《水泥比表面积测定方法 勃氏法》(GB/T 8074—2008);

《水泥标准稠度用水量、凝结时间、安定性检验方法》(GB/T 1346—2011);

《水泥胶砂强度检验方法(ISO 法)》(GB/T 17671—2021)。

(3)案例引入

某建设项目混凝土拌和站进场一批散装 P. O42.5 水泥,请划分检验批,并对该批水泥进行编号取样,根据项目建设工程施工质量验收标准规定,对水泥的细度、标准稠度用水量、凝结时间、安定性、胶砂强度等指标进行检测,判定是否合格。

拓展阅读

材料与生态环境

工程材料是应用广、用量大的材料,有些工程材料片面地追求材料的力学性能和各种功能,如结构材料主要追求高强度;装饰材料追求其功能性和设计图案的美观等方面的舒适性,却忽略了其安全性及环境协调性。工程材料的安全性包括灾害安全性和卫生环境安全性。灾害安全性是指发生灾害时所造成危害的性能,如防火性、抗爆性等。卫生环境安全性指其生产、使用过程中对人的健康和生态环境造成危害的性能,如放射性、有害物质的污染等。

工程材料的安全性与环境协调性是紧密联系的,所谓环境协调性是指对资源和能源消耗少,对环境污染小和循环再生利用率高,具有优良环境协调性的材料,对资源和能源消耗少,对生态和环境污染小,再生利用率高或可降解化和可循环利用,而且要求从材料制造、使用、废弃直至再生利用的整个寿命周期中,都必须具有与环境的协调共存性。

任务 3.1 水泥取样

3.1.1 水泥进场检验与取样

1. 编号方法及检验批划分

水泥出厂时(或出厂前)按同品种、同强度等级编号和取样。袋装水泥和散装水泥应分别编号和取样，每一编号为一取样单位。

水泥出厂编号按年设计生产能力规定：

年产能≥200×10⁴ t的，不超过4 000 t为一编号；

年产能≥120×10⁴ t的，不超过2 400 t为一编号；

年产能≥60×10⁴ t的，不超过1 000 t为一编号；

年产能≥30×10⁴ t的，不超过600 t为一编号；

年产能<30×10⁴ t的，不超过400 t为一编号。

取样方法按GB/T 12573进行，可连续取，也可从20个以上不同部位取等量样品，总量不小于12 kg，当散装水泥运输工具的容量超过规定的出厂编号吨数时，允许该编号的数量超过取样规定吨数。

2. 水泥取样

(1)取样工具

取样工具有手工取样器、自动取样器、标准取样桶等，如图3.1.1所示。

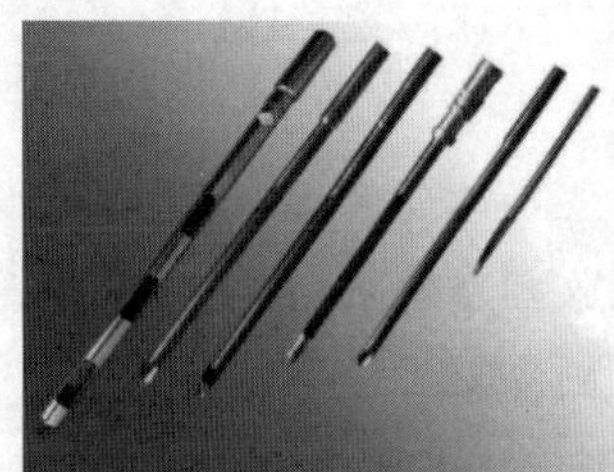

图3.1.1 水泥取样工具

(2)取样步骤

按标准要求取样，取样应有代表性，可连续取，亦可从20个以上不同部位取等量样品，总量至少12 kg。经确认水泥各项技术指标及包装质量符合要求时方可出厂，出厂检验项目有不溶物、烧失量、三氧化硫、氧化镁、氯离子、凝结时间、安定性及强度。

①手工取样

对于散装水泥，当所取水泥深度不超过2 m时，每一个编号内采用散装水泥取样器随机取样。通过转动取样器内管开关，在适当位置插入水泥一定深度，关闭后小心抽出，将所取样品放入符合要求的容器中，每次抽取的单样量应尽量一致。

对于袋装水泥，每一个编号内随机抽取不少于20袋水泥，采用袋装水泥取样器取样，将取样器沿对角线方向插入水泥包装袋中，用大拇指按住气孔，小心抽出取样管，将所取样品放入符合要求的容器中，每次抽取的单样量应尽量一致。

②自动取样

采用自动取样器(图3.1.2)取样，该装置一般安装在尽量接近于水泥包装机或散装容器的管路中，从流动的水泥流中取出样品，将所取样品放入符合要求的容器中。

③样品制备

每一编号所取水泥单样通过0.9 mm方孔筛混合均匀，一次或多次将样品缩分到相关标准要求的定量，均分为试验样和封存样。试验样按相关标准要求进行试验，封存样按要求储存，以备水泥技术指标检测，样品不得混入杂质和结块。

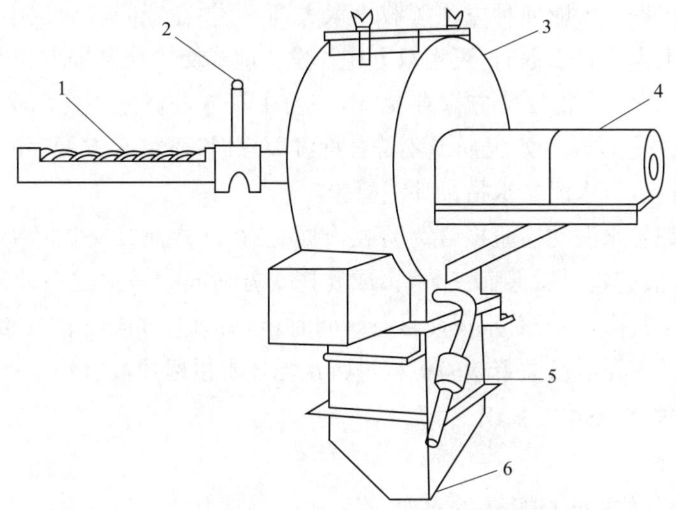

1—入料处；2—调节手柄；3—混料筒；4—电机；5—配重锤；6—出料口。

图 3.1.2　自动取样器

④样品存放

样品取得后应储存在密闭容器中，如水泥留样桶(图 3.1.3)，封存样要加封条。容器应洁净、干燥、防潮、密闭、不易破损并且不影响水泥性能。存放封存样的容器应至少在一处加盖清晰、不易擦掉的标有编号、取样时间、取样地点和取样人的封印。

图 3.1.3　水泥留样桶

⑤填写取样单

样品取得后，应由负责取样人员填写取样单，应至少包括：水泥编号、水泥品种、强度等级、取样日期、取样地点及取样人。

3. 验收方法

(1)品种验收

水泥袋上应清楚标明：产品名称，代号，净含量，强度等级，生产许可证编号，生产者名称和地址，出厂编号，执行标准号，包装年、月、日。掺火山灰质混合材料的普通水泥还应标上“掺火山灰”字样，包装袋两侧应印有水泥名称和强度等级，硅酸盐水泥和普通硅酸盐水泥的印刷采用红色，矿渣水泥的印刷采用绿色，火山灰、粉煤灰水泥和复合水泥采用黑色或蓝色。

(2)数量验收

水泥可以袋装或散装，袋装水泥每袋净含量 50 kg，且不得少于标志质量的 98%；随机抽取 20 袋总质量不得少于 1 000 kg，其他包装形式由双方协商确定，但有关袋装质量要求，必须符合上述原则规定。

(3)质量验收

交货时水泥的质量验收可抽取实物试样,以其检验结果为依据,也可以水泥厂同编号水泥的检验报告为依据。采取何种方法验收由双方商定,并在合同或协议中注明。以抽取实物试样的检验结果为验收依据时,买卖双方应在发货前或交货地共同取样和签封,取样数量20 kg,缩分为二等份。一份由卖方保存40 d,一份由买方按标准规定的项目和方法进行检验。在40 d内买方检验认为水泥质量不符合标准要求时,可将卖方保存的一份试样送水泥质量监督检验机构进行水泥技术指标仲裁检验。

以水泥厂同编号水泥的检验报告为验收依据时,在发货前或交货时买方在同编号水泥中抽取试样,双方共同签封后保存三个月;或委托卖方在同编号水泥中抽取试样,签封后保存三个月。在三个月内,买方对水泥质量有疑问时,则买卖双方应将签封的试样送省级或省级以上国家认可的水泥质量监督检验机构进行水泥技术指标仲裁检验。

3.1.2　通用硅酸盐水泥相关知识

1. 水泥取样术语

单样:由一个部位取出的适量的水泥样品。

混合样:从一个编号内不同部位取得的全部单样,经充分混匀后得到的样品。

试验样:从混合样中取出,用于出厂水泥质量检验的一份称为试验样。

封存样:从混合样中取出,用于水泥技术指标复验仲裁的一份称为封存样。

分割样:在一个编号内按每1/10编号取得的单样,用于均质性试验的样品。

2. 通用硅酸盐水泥分类

水泥是一种加水拌和成塑性浆体,能胶结砂、石等适当材料,并能在空气和水中硬化的粉状水硬性胶凝材料。

水泥的种类很多,水泥分类如图3.1.4所示。

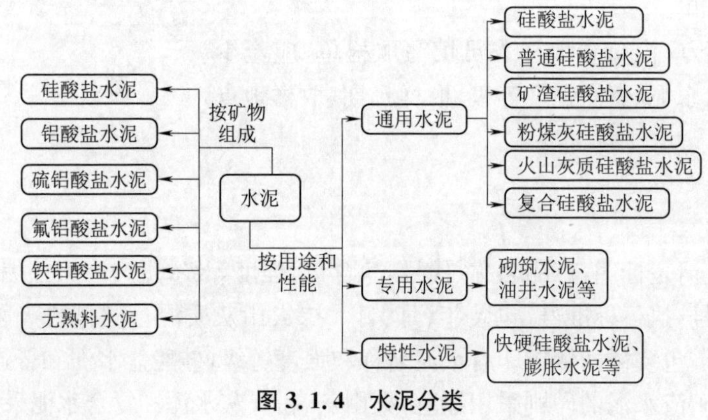

图3.1.4　水泥分类

(1)硅酸盐水泥

凡由硅酸盐水泥熟料、0～5%的石灰石或粒化高炉矿渣、适量石膏磨细制成的水硬性胶凝材料,称为硅酸盐水泥。硅酸盐水泥分两种类型,不掺加混合材料的称为Ⅰ型硅酸盐水泥,其代号为P·Ⅰ;在硅酸盐水泥熟料粉磨时掺入不超过水泥质量5%的石灰石或粒化高炉矿渣混合材料的称为Ⅱ型硅酸盐水泥，其代号为P·Ⅱ。硅酸盐水泥分为42.5、42.5R、52.5、52.5R、62.5、62.5R六个强度等级。

(2)普通硅酸盐水泥

普通硅酸盐水泥简称普通水泥，其代号为P·O，是由硅酸盐水泥熟料、>5%且≤20%的活性混合材料(其中允许用不超过水泥质量8%的非活性混合材料或不超过水泥质量5%的窑灰代替)、适量石膏，经磨细制成的水硬性胶凝材料。普通硅酸盐水泥的强度等级分为42.5、42.5R、52.5、52.5R四个强度等级。

(3)矿渣硅酸盐水泥、火山灰质硅酸盐水泥、粉煤灰硅酸盐水泥和复合硅酸盐水泥

通用硅酸盐水泥的组分应符合规定，见表3.1.1～表3.1.3。

表3.1.1　硅酸盐水泥的组分要求

品种	代号	组分(质量分数，%)		
		熟料＋石膏	混合材料	
			粒化高炉矿渣/矿渣粉	石灰石
硅酸盐水泥	P·Ⅰ	100	—	—
	P·Ⅱ	95～100	0～5(不含)	—
			—	0～5(不含)

表3.1.2　普通硅酸盐水泥、矿渣硅酸盐水泥、粉煤灰硅酸盐水泥和火山灰质硅酸盐水泥的组分要求

品种	代号	组分(质量分数，%)				
		熟料＋石膏	主要混合材料			替代混合材料
			粒化高炉矿渣/矿渣粉	粉煤灰	火山灰质混合材料	
普通硅酸盐水泥	P·O	80～94(不含)	6～20①(不含)			0～5②(不含)
矿渣硅酸盐水泥	P·S·A	50～79(不含)	21～50(不含)	—	—	0～8③(不含)
	P·S·B	30～49(不含)	51～70(不含)	—	—	
粉煤灰硅酸盐水泥	P·F	60～79(不含)	—	21～40(不含)	—	0～5④(不含)
火山灰质硅酸盐水泥	P·P	60～79(不含)	—	—	21～40(不含)	

注：①主要混合材料由符合规定的粒化高炉矿渣/矿渣粉、粉煤灰、火山灰质混合材料组成。

②替代混合材料为符合规定的石灰石。

③替代混合材料为符合规定的粉煤灰或火山灰、石灰石。替代后P·S·A矿渣硅酸盐水泥中粒化高炉矿渣/矿渣粉含量(质量分数)不小于水泥质量的21%，P·S·B矿渣硅酸盐水泥中粒化高炉矿渣/矿渣粉含量(质量分数)不小于水泥质量的51%。

④替代混合材料为符合规定的石灰石。替代后粉煤灰硅酸盐水泥中粉煤灰含量(质量分数)不小于水泥质量的21%，火山灰质硅酸盐水泥中火山灰质混合材料含量(质量分数)不小于水泥质量的21%。

表3.1.3　复合硅酸盐水泥的组分要求

品种	代号	组分(质量分数，%)					
		熟料＋石膏	混合材料				
			粒化高炉矿渣/矿渣粉	粉煤灰	火山灰质混合材料	石灰石	砂岩
复合硅酸盐水昵	P·C	50～79(不含)	21～50(不含)				

注：混合材料由符合规定的粒化高炉矿渣/矿渣粉、粉煤灰、火山灰质混合材料、石灰石和砂岩中的三种(含)以上材料组成。其中，石灰石含量(质量分数)不大于水泥质量的15%。

硅酸盐水泥、普通硅酸盐水泥的强度等级分为42.5、42.5R、52.5、52.5R、62.5、62.5R六个等级。

矿渣硅酸盐水泥、粉煤灰硅酸盐水泥、火山灰质硅酸盐水泥的强度等级分为32.5、32.5R、42.5、42.5R、52.5、52.5R六个等级。

复合硅酸盐水泥的强度等级分为42.5、42.5R、52.5、52.5R四个等级。

3.通用硅酸盐水泥的特性与选用

通用硅酸盐水泥是土建工程中用途较广、用量较大的水泥品种。为了便于查阅和选用，现将其主要技术性质、不同龄期强度要求、特性及适用范围列出供参考，见表3.1.4～表3.1.6。

表3.1.4 常用水泥的主要技术性能

<table>
<tr><th colspan="2" rowspan="2">性能</th><th colspan="6">水泥品种</th></tr>
<tr><th>硅酸盐水泥</th><th>普通硅酸盐水泥</th><th>矿渣硅酸盐水泥</th><th>火山灰质硅酸盐水泥</th><th>粉煤灰硅酸盐水泥</th><th>复合硅酸盐水泥</th></tr>
<tr><td colspan="2">细度</td><td>300 m²/kg≤比表面积≤400 m²/kg</td><td colspan="5">45 μm方孔筛筛余≥5%</td></tr>
<tr><td rowspan="2">凝结时间</td><td>初凝</td><td colspan="6">≥45 min</td></tr>
<tr><td>终凝</td><td>≤390 min</td><td colspan="5">≤600 min</td></tr>
<tr><td rowspan="3">体积安定性</td><td>安定性</td><td colspan="6">沸煮法合格</td></tr>
<tr><td>SO₃</td><td colspan="2">≤3.5%</td><td>≤4.0%</td><td colspan="3">≤3.5%</td></tr>
<tr><td>MgO</td><td colspan="2">≤5.0%①</td><td colspan="4">≤6.0%②(P·S·B除外)</td></tr>
<tr><td colspan="2">碱含量</td><td colspan="6">水泥中碱含量按Na_2O+0.658K_2O计算值表示。当买方要求提供低碱水泥时，由买卖双方协商确定</td></tr>
</table>

注：①如果水泥压蒸安定性合格，则水泥中氧化镁含量(质量分数)允许放宽至6.0%。

②如果水泥中氧化镁含量(质量分数)大于6.0%时，需进行水泥压蒸安定性试验并合格。

表3.1.5 通用硅酸盐水泥不同龄期强度要求

<table>
<tr><th rowspan="2">强度等级</th><th colspan="2">抗压强度(MPa)</th><th colspan="2">抗折强度(MPa)</th></tr>
<tr><th>3 d</th><th>28 d</th><th>3 d</th><th>28 d</th></tr>
<tr><td>32.5</td><td>≥12.0</td><td rowspan="2">≥32.5</td><td>≥3.0</td><td rowspan="2">≥5.5</td></tr>
<tr><td>32.5R</td><td>≥17.0</td><td>≥4.0</td></tr>
<tr><td>42.5</td><td>≥17.0</td><td rowspan="2">≥42.5</td><td>≥4.0</td><td rowspan="2">≥6.5</td></tr>
<tr><td>42.5R</td><td>≥22.0</td><td>≥4.5</td></tr>
<tr><td>52.5</td><td>≥22.0</td><td rowspan="2">≥52.5</td><td>≥4.5</td><td rowspan="2">≥7.0</td></tr>
<tr><td>52.5R</td><td>≥27.0</td><td>≥5.0</td></tr>
<tr><td>62.5</td><td>≥27.0</td><td rowspan="2">≥62.5</td><td>≥5.0</td><td rowspan="2">≥8.0</td></tr>
<tr><td>62.5R</td><td>≥32.0</td><td>≥5.5</td></tr>
</table>

表 3.1.6 常用水泥的特性及适用范围

品种		硅酸盐水泥	普通硅酸盐水泥	矿渣硅酸盐水泥	火山灰质硅酸盐水泥	粉煤灰硅酸盐水泥
特性	硬化	快	较快	慢	慢	慢
	早期强度	高	较高	低	低	低
	水化热	高	高	低	低	低
	抗冻性	好	较好	差	差	差
	耐热性	差	较差	好	较差	较差
	干缩性	较小	较小	较大	较大	较小
	抗渗性	较好	较好	差	较好	较好
	耐蚀性	差	较差	好	好	好
适用范围		1. 制造地上、地下及水中的混凝土、钢筋混凝土及预应力钢筋混凝土结构，包括受冻融循环的结构及早期强度要求较高的工程 2. 配制建筑砂浆	同硅酸盐水泥	1. 大体积工程 2. 高温车间和有耐热耐火要求的混凝土结构 3. 蒸汽养护的构件 4. 一般地上、地下和水中的钢筋混凝土结构 5. 有抗硫酸盐侵蚀的工程 6. 配制建筑砂浆	1. 地下、水中大体积混凝土结构 2. 有抗渗要求的工程 3. 蒸汽养护的构件 4. 有抗硫酸盐侵蚀的工程 5. 一般混凝土及钢筋混凝土工程 6. 配制建筑砂浆	1. 地上、地下、水中及大体积混凝土工程 2. 蒸汽养护的构件 3. 抗裂性要求较高的构件 4. 抗硫酸盐侵蚀的工程 5. 一般混凝土工程 6. 配制建筑砂浆
不适用工程		1. 大体积混凝土工程 2. 受化学及海水侵蚀的工程 3. 耐热性要求高的工程 4. 有流动水及压力水作用的工程	同硅酸盐水泥	1. 早期强度要求较高的混凝土工程 2. 有抗冻要求的混凝土工程	1. 早期强度要求较高的混凝土工程 2. 有抗冻要求的混凝土工程 3. 干燥环境的混凝土工程 4. 有耐磨性要求的工程	1. 早期强度要求较高的混凝土工程 2. 有抗冻要求的混凝土工程 3. 有抗碳化要求的工程

4. 硅酸盐水泥的生产

(1)硅酸盐水泥的原材料

生产硅酸盐水泥的原料，主要是石灰质原料和黏土质原料两类。石灰质原料主要提供 CaO，可选用石灰岩、泥灰岩、白垩及贝壳等。黏土质原料主要提供 SiO_2、Al_2O_3，以及少量的 Fe_2O_3，可选用黏土、黄土、页岩和泥岩等。如果所选用的两种原料，接一定的配比组合还满足不了形成熟料矿物所要求的化学组成时，则要加入其他校正原料加以调整。例如生料中 Fe_2O_3 含量不足时，可加入硫铁矿渣或含铁高的黏土加以校正；如果生料中 SiO_2 含量不足，可选用硅藻土、硅藻石、蛋白石、火山灰、硅质渣等加以校正；又如生料中 Al_2O_3，含量不足时，可加入铁矾土废料或含铝高的黏土加以调整。此外，为了改善煅烧条件，常加入少量的矿化剂，如萤石、石膏、重晶石尾矿、铝锌尾矿或铜矿渣等。

(2)硅酸盐水泥的生产工艺

硅酸盐水泥的生产技术概括起来，叫作“两磨一烧”，其生产工艺流程如图 3.1.5 所示。以石灰质原料与黏土质原料为主，有时加入少量铁矿粉等，按一定比例配合，磨细成生料粉(干法生产)或生料浆(湿法生产)，经均化后送入回转窑或立窑煅烧至部分熔融，得到黑色颗粒状的水泥熟料，再与适量石膏共同磨细，即可得到 P·Ⅰ型硅酸盐水泥。

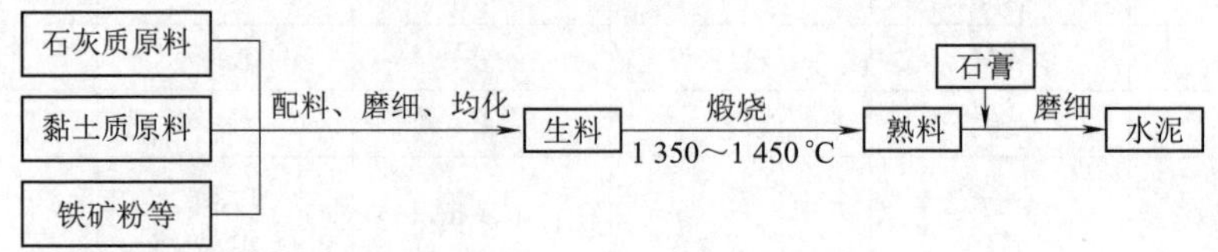

图 3.1.5 硅酸盐水泥生产工艺流程

5. 硅酸盐水泥熟料的矿物组成

硅酸盐水泥熟料矿物的组成主要是：硅酸三钙($3CaO \cdot SiO_2$，简写为 C_3S)，含量 36%～60%；硅酸二钙($2CaO \cdot SiO_2$，简写为 C_2S)，含量 15%～37%；铝酸三钙($3CaO \cdot Al_2O_3$，简写为 C_3A)，含量 7%～15%；铁铝酸四钙($4CaO \cdot Al_2O_3 \cdot Fe_2O_3$，简写为 C_4AF)，含量 10%～18%。上述几种矿物主要是依靠原料中所提供的 CaO、SiO_2、Al_2O_3、Fe_2O_3 等氧化物在高温下互相作用而形成的。

熟料中各种矿物含量的多少，决定了水泥的某些性能，上面四种矿物中硅酸盐矿物(包括硅酸三钙与硅酸二钙)是主要的，它占 70%～85%。C_3A 和 C_4AF 称为溶剂性矿物，一般占水泥熟料总量的 18%～25%。为了得到合理矿物组成的水泥熟料，要严格控制生料的化学成分及烧成条件。水泥熟料中各种矿物单独与水反应所表现出来的性质各不相同，其特性可见表 3.1.7。

表 3.1.7 各种熟料矿物单独与水作用的性质

性质		C_3S	C_2S	C_3A	C_4AF
凝结硬化速度		快	慢	最快	较快
水化时放出热量		大	小	最大	中
强度	高低	高	早期低，后期高	低	中
	发展	快	慢	快	较快

硅酸三钙的水化速度较快，水化热较大，且主要是早期放出，其强度最高，是决定水泥强度的主要矿物；硅酸二钙的水化速度最慢，水化热最小，且主要是后期放出，是保证水泥后期强度的主要矿物；铝酸三钙是凝结硬化速度最快、水化最快的矿物，且硬化时体积收缩最大；铁铝酸四钙的水化速度也较快，仅次于铝酸三钙，其水化热中等，有利于提高水泥抗拉强度。

水泥是几种熟料矿物的混合物，改变矿物成分间比例时，水泥性质即发生相应的变化，可制成不同性能的水泥。如提高硅酸三钙含量，可制得快硬高强水泥；降低硅酸三钙和铝酸三钙含量和提高硅酸二钙含量可制得低热水泥。

6. 硅酸盐水泥的水化和凝结硬化

(1)水泥的水化

水泥加水后，水泥颗粒表面的熟料矿物会立即与水发生化学反应，各组分开始溶解，形成水化物，并放出一定热量，其反应式如下：

$$2(3CaO \cdot SiO_2)+6H_2O \longrightarrow 3CaO \cdot 2SiO_2 \cdot 3H_2O+3Ca(OH)_2$$

$$2(2CaO \cdot SiO_2)+4H_2O \longrightarrow 3CaO \cdot 2SiO_2 \cdot 3H_2O+Ca(OH)_2$$

$$3CaO \cdot Al_2O_3+6H_2O \longrightarrow 3CaO \cdot Al_2O_3 \cdot 6H_2O$$

$$4CaO \cdot Al_2O_3 \cdot Fe_2O_3+7H_2O \longrightarrow 3CaO \cdot Al_2O_3 \cdot 6H_2O+CaO \cdot Fe_2O_3 \cdot H_2O$$

$$3CaO \cdot Al_2O_3 \cdot 6H_2O+3(CaSO_4 \cdot 2H_2O)+19H_2O \longrightarrow 3CaO \cdot Al_2O_3 \cdot 3CaSO_4 \cdot 31H_2O$$

从上述反应式中可以看出，硅酸盐水泥水化后，生成的主要水化产物为水化硅酸钙($3CaO \cdot 2SiO_2 \cdot 3H_2O$)、氢氧化钙[$Ca(OH)_2$]、水化铝酸钙($3CaO \cdot Al_2O_3 \cdot 6H_2O$)、水化铁酸钙($CaO \cdot Fe_2O_3 \cdot H_2O$)、高硫型水化硫铝酸钙($3CaO \cdot Al_2O_3 \cdot 3CaSO_4 \cdot 31H_2O$)等，其中水化硅酸钙的尺度为 1.0～100 nm，相当于胶体物质的尺度范围，并具有胶体物质的特性，通常称为 C-S-H 凝胶，占水化产物的 50%以上，而水化铝酸钙和高硫型水化硫铝酸钙及氢氧化钙为晶体。

(2)水泥的凝结硬化

水泥加水拌和后，水泥颗粒表面开始与水发生化学反应，如图 3.1.6(a)所示，逐渐形成水化物膜层，此时的水泥浆既有可塑性又有流动性[图 3.1.6(b)]。随着水化反应的持续进行，水化物增多、膜层增厚，并互相接触连接，形成疏松的空间网络。此时，水泥浆体就开始失去流动性和部分可塑性，但不具有强度，即初凝[图 3.1.6(c)]。当水化作用不断深入并加速进行，生成较多的凝胶和晶体水化物，并互相贯穿而使网络结构不断加强，终至浆体完全失去可塑性，并具有一定的强度，即终凝[图 3.1.6(d)]。之后，水化反应进一步进行，水化物也随时间的延续而增加，且不断填充于毛细孔中，水泥浆体网络结构更趋致密，强度大为提高并逐渐变成坚硬岩石状固体——水泥石，这一过程称为硬化。

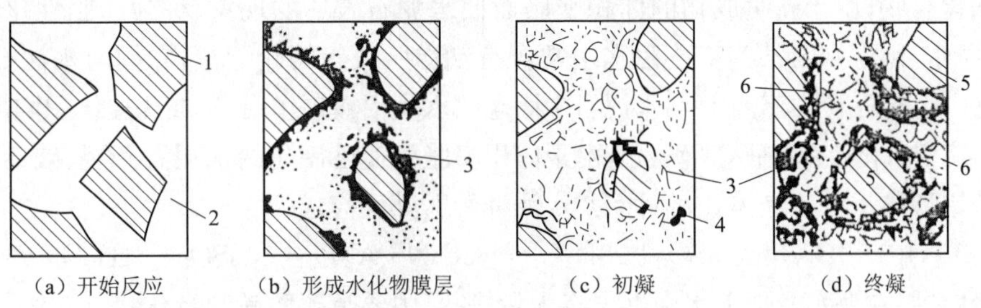

(a) 开始反应　(b) 形成水化物膜层　(c) 初凝　(d) 终凝

1—水泥颗粒；2—水；3—凝胶体；4—晶体；5—水泥颗粒未水化部分；6—毛细孔。

图 3.1.6　水泥凝结硬化过程示意

实际上，水泥的凝结与硬化是一个连续而复杂的物理化学变化过程，而且初凝与终凝也是对水泥水化阶段的人为规定，而上述变化过程与水泥的技术性能密切相关，其变化的结果又直接影响硬化水泥石的结构和水泥石的使用性能。因此，了解水泥的凝结和硬化过程，对于了解水泥的性能是很重要的。

7.水泥石的腐蚀与防止

硅酸盐水泥硬化后的水泥石，在正常使用条件下具有较好的耐久性，但在某些腐蚀性的介质作用下，水泥石的结构逐渐遭到破坏，强度下降以致全部溃裂，这种现象称为水泥石的腐蚀。水泥石的抗腐蚀性能，可用耐蚀系数表示。它是以同一龄期浸在侵蚀性溶液中的水泥试体强度与在淡水中养护的水泥试体强度之比表示。耐蚀系数越大，水泥的抗腐蚀性能就越好。

引起水泥石腐蚀的原因很多，作用也很复杂，现简述几种主要的腐蚀作用：

(1)软水腐蚀(溶出性侵蚀)

工业冷凝水、蒸馏水、天然的雨水、雪水以及含重碳酸盐很少的河水及湖水，均属软水。当水泥石长期与这些水分接触时，由于水的浸析作用，将已硬化的水泥石中的固相组分(特别是水化产物氢氧化钙)逐渐溶解带走，并促使硬化水泥石中的其他产物分解，因而使水泥石结构遭到破坏。

在有限的静水或无水压的水中，由于水泥石中的水被已溶解的氢氧化钙所饱和而使水泥石的溶出逐渐停止，在此情况下，软水的侵蚀作用仅限于表面，影响不大。但是，若水泥石在流动的水中或有压力的水中，溶出的氢氧化钙不断被冲走，则侵蚀作用不断深入内部，使水泥石孔隙增大，强度下降，以致全部溃裂。在含有一定量重碳酸盐的硬水(pH 值>7)中，重碳酸盐能与水泥石中的氢氧化钙进行化学反应，形成不溶于水的碳酸钙，其反应式为

$$Ca(OH)_2+Ca(HCO_3)_2 \longrightarrow 2CaCO_3+2H_2O$$

所形成的碳酸钙可积聚在水泥石的孔隙内，形成密实的保护层，阻止外界水的继续浸入和内部氢氧化钙的析出，阻止侵蚀作用继续深入。因此，若使与水接触的水泥石表面能事先形成一层碳酸钙外壳，则可对溶出性侵蚀起到一定的防护作用。

(2)盐类腐蚀

硫酸盐腐蚀：硫酸盐腐蚀实质上是膨胀性化学腐蚀。当水泥石受到侵蚀性介质作用后生成新的化合物，由于新生成物的体积膨胀而使水泥石破坏的现象，称为膨胀性化学腐蚀。例如，在海水、地下水及某些工业污水中常含有钠、钾、铵等的硫酸盐，它们与水泥石中的氢氧化钙反应生成硫酸钙，硫酸钙与水泥石中固态的水化铝酸钙作用，生成比原体积增加 1.5 倍以上的高硫型水化硫铝酸钙(钙矾石)，由于体积膨胀而使已硬化的水泥石开裂、破坏，因高硫型水化硫铝酸钙呈针状晶体，故俗称为“水泥杆菌”，其反应式为

$$4CaO \cdot Al_2O_3 \cdot 12H_2O+3CaSO_4+20H_2O \longrightarrow 3CaO \cdot Al_2O_3 \cdot 3CaSO_4 \cdot 31H_2O+Ca(OH)_2$$

镁盐腐蚀：在海水及地下水中常含有大量镁盐，主要是硫酸镁和氯化镁。它们与水泥石中的氢氧化钙反应，生成易溶于水的新化合物，其反应式如下：

$$MgSO_4+Ca(OH)_2+2H_2O \longrightarrow CaSO_4 \cdot 2H_2O+Mg(OH)_2$$

$$3CaO \cdot Al_2O_3 \cdot 6H_2O + 3(CaSO_4 \cdot 2H_2O) + 19H_2O \longrightarrow 3CaO \cdot Al_2O_3 \cdot 3CaSO_4 \cdot 31H_2O$$

$$MgCl_2 + Ca(OH)_2 \longrightarrow CaCl_2 + Mg(OH)_2$$

反应生成的氢氧化镁[$Mg(OH)_2$]松软而无胶凝能力，氯化钙($CaCl_2$)和硫酸钙($CaSO_4 \cdot 2H_2O$)易溶解于水，均能使水泥石强度降低或破坏。同时，尚未溶出的硫酸钙可与水泥石中的铝酸盐反应，引起膨胀破坏。因此，硫酸镁对水泥石起着镁盐和硫酸盐的双重腐蚀作用。

(3)酸类腐蚀

碳酸腐蚀：工业污水、地下水常溶解较多的二氧化碳，水中的二氧化碳与水泥石中氢氧化钙反应，所生成的碳酸钙如继续与含碳酸的水作用，则变成易溶于水的碳酸氢钙[$Ca(HCO_3)_2$]，由于碳酸氢钙的溶解以及水泥石中其他产物的分解，而使水泥石结构破坏，其化学反应如下：

$$Ca(OH)_2 + CO_2 + H_2O \longrightarrow CaCO_3 + 2H_2O$$

$$CaCO_3 + CO_2 + H_2O \leftrightarrow Ca(HCO_3)_2$$

由碳酸钙转变为碳酸氢钙的反应是可逆的，只有当水中所含的碳酸超过平衡浓度(溶液中的 pH 值<7)时，上式反应向右进行，形成碳酸腐蚀。

一般酸的腐蚀：工业废水、地下水中常含无机酸和有机酸，工业窑炉中烟气常含有二氧化硫，遇水后即生成亚硫酸。各种酸类对水泥石也有不同程度的腐蚀作用，它们与水泥石中的氢氧化钙作用后生成的化合物，或者易溶于水，或者体积膨胀而导致水泥石破坏。对水泥石腐蚀作用最快的是无机酸中的盐酸、氢氟酸、硫酸和有机酸中的醋酸、蚁酸和乳酸。

例如，盐酸与水泥石中氢氧化钙作用：

$$2HCl + Ca(OH)_2 \longrightarrow CaCl_2 + 2H_2O$$

生成的氯化钙易溶于水而导致化学腐蚀型破坏。

硫酸与水泥石中的氢氧化钙作用：

$$H_2SO_4 + Ca(OH)_2 \longrightarrow CaSO_4 \cdot 2H_2O$$

生成的石膏对水泥石产生硫酸盐膨胀性破坏。

(4)强碱腐蚀

碱类溶液如浓度不大时一般是无害的，但铝酸盐含量较高的硅酸盐水泥遇到强碱作用后也会破坏，如氢氧化钠可与水泥石中未水化的铝酸钙作用，生成易溶的铝酸钠，其反应式如下：

$$3CaO \cdot Al_2O_3 + 6NaOH \longrightarrow 3Na_2O \cdot Al_2O_3 + 3Ca(OH)_2$$

$$2NaOH + CO_2 \longrightarrow Na_2CO_3 + H_2O$$

当水泥石被氢氧化钠溶液浸透后又在空气中干燥，与空气中的二氧化碳作用生成碳酸钠。碳酸钠在水泥石毛细孔中结晶沉积，可使水泥石胀裂。

(5)腐蚀的防止

水泥石的腐蚀实际上是一个极为复杂的物理化学作用过程，且很少为单一的腐蚀作用，常常是几种作用同时存在、互相影响。但发生水泥石受腐蚀的基本原因是：水泥石中存在着易受腐蚀的氢氧化钙和水化铝酸钙；水泥石本身不密实而使侵蚀性介质易于进入其内部；外界因素的影响，如腐蚀介质的存在，环境温度、湿度、介质浓度的影响等。

根据以上腐蚀原因的分析，可采取下列防腐蚀的措施：

根据侵蚀环境特点，合理选用水泥品种。例如，选用水化物中氢氧化钙含量少的水泥，可以提高对软水等侵蚀作用的抵抗能力；为了抵抗硫酸盐腐蚀，可使用铝酸三钙含量低于5%的抗硫酸盐水泥等。

提高水泥石的密实度。为了使有害物质不易渗入内部，水泥石的孔隙应越少越好。为了提高水泥混凝土的密实度，应该合理设计混凝土的配合比，尽可能采用低水灰比和选择最优施工方法。此外，在水泥石表面进行碳化或氟硅酸处理，使之生成难溶的碳酸钙外壳或氟化钙及硅胶薄膜，以提高表面的密实度，也可减少侵蚀性介质的渗入。或加保护层，用耐腐蚀的石料、陶瓷、塑料、沥青等覆盖于水泥石的表面，以防止腐蚀介质与水泥石直接接触。

3.1.3 任务测评

1. 素质测评

水泥取样所列的素养点，做到即得分，未做到即零分，见表3.1.8。

表3.1.8 水泥取样操作素质测评表

序号	素养点	配分	得分
1	合作意识	20	
2	安全意识，仪器、设备及工具安全检查	20	
3	节约环保意识，试样不飞溅、不洒落	20	
4	工具的清洁及整理	20	
5	正确标记封存水泥试样	20	
总分		100	

2. 知识测评

确定本任务关键词，按重要程度进行关键词排序并举例解读。

学生根据对本次任务重要信息捕捉、排序、表达、创新和划分权重能力进行自评，满分100分，见表3.1.9。

表3.1.9 水泥取样操作知识测评表

序号	关键词	举例解读	评分
1			
2			
3			
总分			

3. 能力测评

完成水泥取样，填写取样单，见表3.1.10。本任务所列内容，操作规范即得分，操作错误或未操作即零分，见表3.1.11。

表 3.1.10　水泥取样单

<table>
<tr><td>样品名称</td><td></td><td>样品数量</td><td></td></tr>
<tr><td>产地
（生产厂家）</td><td></td><td>代表数量</td><td></td></tr>
<tr><td>母材编号
（炉批号）</td><td></td><td>样品规格</td><td></td></tr>
<tr><td>依据标准</td><td></td><td>工程地址</td><td></td></tr>
<tr><td>试验内容及要求</td><td colspan="3">主要验收检测项目及依据标准：
1.凝结时间：《水泥标准稠度用水量、凝结时间、安定性检验方法》(GB/T 1346—2011)
2.安定性：《水泥标准稠度用水量、凝结时间、安定性检验方法》(GB/T 1346—2011)
3.胶砂强度：《水泥胶砂强度检验方法(ISO法)》(GB/T 17671—2021)
4.氯离子含量：《水泥化学分析方法》(GB/T 176—2017)
5.碱含量：《水泥化学分析方法》(GB/T 176—2017)
6.烧失量：《水泥化学分析方法》(GB/T 176—2017)
7.比表面积：《水泥比表面积测定方法》(GB/T 8074—2008)
8.细度：《水泥细度检验方法　筛析法》(GB/T 1345—2005)</td></tr>
<tr><td>样品状态</td><td colspan="3">□样品正常：粉状、干燥、无结块、无杂质
□样品异常描述：</td></tr>
<tr><td>样品处理</td><td colspan="3">□1.实验室自行处理；□2.交由相关机构处理；□3.其他</td></tr>
<tr><td>备　　注</td><td colspan="3">检测报告：1.依据 GB 175—2007 进行综合判定；2.出具实测数据</td></tr>
<tr><td>取样单位</td><td></td><td>取样人</td><td></td></tr>
<tr><td>见证单位</td><td></td><td>见证人</td><td></td></tr>
<tr><td>取样地点</td><td></td><td>取样日期</td><td></td></tr>
</table>

表 3.1.11　水泥取样操作能力测评表

序号	技能点	配分	得分
1	水泥外观状态检查	10	
2	水泥品种、规格、产地、编号等基本信息检查	20	
3	袋装水泥取样过程控制	30	
4	散装水泥取样过程控制	20	
5	正确填写取样单	20	
总分		100	

4.拓展训练

(1)请列举水泥取样过程中易出现的问题，分析产生问题的原因，并制定解决措施。

(2)总结水泥取样过程控制的注意事项。

(3)现从一个编号内不同部位取得全部单样通过 0.9 mm 方孔筛后充分混匀，总量至少 12 kg，之后要进行出厂检验，请分析出厂检验指标有哪些，并根据检验结果判定产品的合格性。

(4)请绘制思维导图,按照学习目标三要素,对水泥取样操作的学习收获进行总结。

3.1.4　任务总结与反思

完成任务总结报告,见表3.1.12。

表3.1.12　任务总结报告

班级:	姓名:	学号:	完成时间:
任务名称:水泥取样		组长签字:	教师签字:
类别	内容	学生总结	教师点评
知识点	水泥单样		
	水泥混合样		
	水泥封存样		
技能点	正确使用天平		
	正确使用取样器		
	正确控制取样量		
	正确储存封存样		
	填写取样单		
反思			

任务3.2　水泥细度测定

3.2.1　水泥细度检测操作步骤

1.检测目的及依据

通过筛析法测定筛余量,评定水泥细度是否达到标准要求。

依据标准:《通用硅酸盐水泥》(GB 175—2023);《水泥细度检验方法 筛析法》(GB/T 1345—2005)。

2.主要仪器设备

水泥细度测定的主要仪器设备,见表3.2.1。

表3.2.1　水泥细度测定仪器设备

仪器名称	仪器图片
试验筛(由圆形筛框和筛网组成,筛网80 μm和45 μm方孔筛,分为负压筛、水筛和手工筛)	

续上表

仪器名称	仪器图片
负压筛析仪（由内筛座、负压筛、负压源和收尘器组成）	
水筛架和喷头	
天平	
料铲	

3. 试验步骤

(1)试验准备

试验前所用试验筛应保持清洁，负压筛和手工筛应保持干燥，试验时，80 μm 筛析试验称取试样 25 g，45 μm 筛析试验称取试样 10 g。

(2)负压筛法

①筛析试验前，将负压筛放在筛座上，盖上筛盖，接通电源，检查控制系统，调整负压在 4 000～6 000 Pa 范围内。

②称取试样 25 g。置于洁净的负压筛中，盖上筛盖，放在筛座上，开动筛析仪连续筛析 2 min，在此期间如有试样附着在筛盖上，可轻轻敲击使试样落下。筛毕，用天平称量筛余量。

(3)水筛法

①筛析试验前，应检查水中无泥、砂，调整好水压及水筛架的位置，使其能正常运转，并控制喷头底面和筛网之间距离为 35～75 mm。

②称取试样精确至 0.01 g 置于洁净的水筛中，立即用淡水冲洗至大部分细粉通过后，

放在水筛架上，用水压为 0.05 MPa±0.02 MPa 的喷头连续冲洗 3 min。筛毕，用少量水把筛余物冲至蒸发皿中，待水泥颗粒全部沉淀后，小心倒出清水，烘干并用天平称量全部筛余物。

(4)手工筛法

①称取水泥试样精确至 0.01 g，倒入手工筛内。

②用一只手持筛往复摇动，另一只手轻轻拍打，往复摇动和拍打过程应保持近于水平。拍打速度每分钟约 120 次，每 40 次向同一方向转动 60°，使试样均匀分布在筛网上，直至每分钟通过的试样量不超过 0.03 g 为止，称量全部筛余物。

(5)结果计算及处理

水泥试样筛余百分数按式(3.2.1)计算(精确至 0.1%)：

$$F=\frac{R_t}{W}\times 100\% \tag{3.2.1}$$

式中 F——水泥试样的筛余百分数，%；

R_t——水泥筛余物的质量，g；

W——水泥试样的质量，g。

合格评定时，每个样品应称取两个试样分别筛析，取筛余平均值为筛析结果。若两次筛余结果绝对误差大于 0.5%时(筛余值大于 5.0%时可放至 1.0%)应再做一次试验，取两次相近结果的算术平均值，作为最终结果。

负压筛析法、水筛法和手工筛析法测定的结果发生争议时，以负压筛析法为准。

3.2.2 水泥细度检测相关知识

1. 水泥试验的一般规定

同一试验用的水泥应从同一水泥厂出产的同品种、同强度等级、同编号的水泥中取样。当试验水泥从取样至试验要保持 24 h 以上时，应把它储存在基本装满并密封的容器中，容器应不与水泥发生反应，试验时水泥试样应充分拌匀。

2. 水泥检测室温度和湿度

检测室温度应为 20 ℃±2 ℃，相对湿度应不低于 50%。水泥试样、标准砂、拌和用水及试模的温度，均应与检测室温度相一致。养护箱温度为 20 ℃±1 ℃，相对湿度应不低于 90%，养护池水温度应为 20 ℃±1 ℃。

3. 检测细度的目的

细度是指水泥颗粒的粗细程度，它是影响水泥需水量、凝结时间、强度和安定性能的重要指标。矿物组成相同，水泥颗粒愈细，比表面积愈大，与水反应的接触面积愈大，因而水化反应的速度愈快，水泥凝结硬化速度就快，水泥石的早期强度愈高。但水泥颗粒愈细，硬化体的收缩也愈大，且水泥在储运过程中易受潮而降低活性，同时生产水泥的成本会增加，因此，水泥细度应适当。

4. 水泥细度指标合格性判定

水泥细度是选择性指标，以比表面积或筛余百分率表示。

《通用硅酸盐水泥》(GB/T 175—2023)规定：硅酸盐水泥的细度以比表面积表示，其比表面积不低于 300 m^2/kg 且不高于 400 m^2/kg。

普通硅酸盐水泥、矿渣硅酸盐水泥、火山灰质硅酸盐水泥、粉煤灰硅酸盐水泥和复合硅酸盐水泥的细度以 45 μm 方孔筛筛余表示，应不低于 5%。

3.2.3　任务测评

1. 素质测评

水泥细度检测所列素养点，做到即得分，未做到即零分，见表 3.2.2。

表 3.2.2　水泥细度检测素质测评表

序号	素养点	配分	得分
1	安全意识，试验时做好安全防护	20	
2	仪器、设备及工具安全检查	20	
3	仪器、工具、试验台清洁及整理	20	
4	节约环保意识，试验过程节约原料和能源	20	
5	记录真实数据	20	
总分		100	

2. 知识测评

确定本任务关键词，按重要程度进行关键词排序并举例解读。

学生根据对本次任务重要信息捕捉、排序、表达、创新和划分权重能力进行自评，满分 100 分，见表 3.2.3。

表 3.2.3　水泥细度检测知识测评表

序号	关键词	举例解读	评分
1			
2			
3			
总分			

3. 能力测评

检测水泥细度，并填写检测报告，见表 3.2.4。本任务所列内容，操作规范即得分，操作错误或未操作即零分，见表 3.2.5。

表 3.2.4　水泥细度检测报告

水泥品种		强度等级		代表批量(t)	
生产厂家				出厂编号	
检测项目	标准要求		检测结果		平均值
细度(%)					
依据标准					
检测结论					
备注					

表 3.2.5 水泥细度检测能力测评表

序号	技能点	配分	得分
1	称量水泥	10	
2	启动负压筛析仪、调节负压值	20	
3	筛析过程控制	30	
4	收集筛余物	20	
5	计算及合格性判定	20	
	总分	100	

4. 拓展训练

(1)请列举水泥细度检测过程中易出现的问题,分析产生问题的原因,并制定解决问题的措施。

(2)现发现启动负压筛析仪,经过一定时间负压仍小于 4 000 Pa,达不到要求的负压范围 4 000~6 000 Pa,请分析原因,并解决问题。

(3)请绘制思维导图,按照学习目标三要素,对水泥细度测定的学习收获进行总结。

3.2.4 任务总结与反思

完成任务总结报告,见表 3.2.6。

表 3.2.6 任务总结报告

班级:	姓名:	学号:	完成时间:
任务名称:水泥细度测定		组长签字:	教师签字:
类别	内容	学生总结	教师点评
知识点	细度指标		
	细度的影响		
	细度合格性判定		
技能点	正确使用天平		
	正确使用负压筛析仪		
	筛析过程控制		
	收集筛余物		
	数据整理		
反思			

任务3.3 水泥比表面积测定

3.3.1 水泥比表面积测定操作步骤

1. 检测目的及依据

通过勃氏透气仪测定水泥比表面积，评定水泥比表面积是否达到标准要求。

依据标准：《通用硅酸盐水泥》(GB 175—2023)；《水泥比表面积测定方法 勃氏法》(GB/T 8074—2008)。

2. 主要仪器设备

水泥比表面积测定的主要仪器设备，见表3.3.1。

表3.3.1 水泥比表面积测定仪器设备

仪器名称	仪器图片
手动式勃氏比表面积透气仪	
自动式勃氏比表面积透气仪	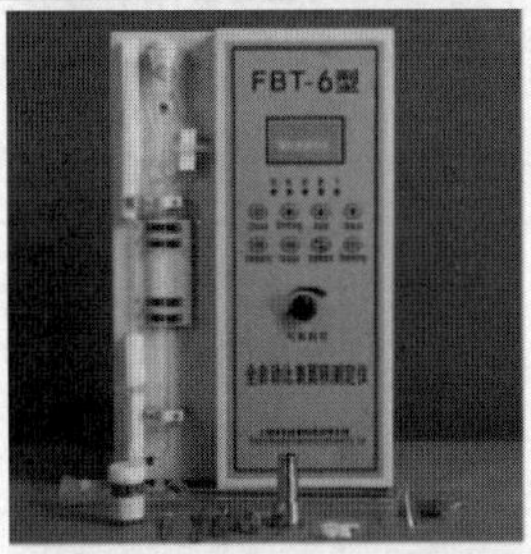
烘箱(控制温度灵敏度±1 ℃)	
分析天平(精确度0.001 g)	

续上表

仪器名称	仪器图片
秒表(精确至 0.5 s)	
定量滤纸	

3. 试验步骤

(1)漏气检测

将透气圆筒上口用橡皮塞塞紧，接到压力计上。用抽气装置从压力计一端中抽出部分气体，然后关闭阀门，观察是否漏气。如发现漏气，可用活塞油脂加以密封，压力计示意如图 3.3.1 所示。

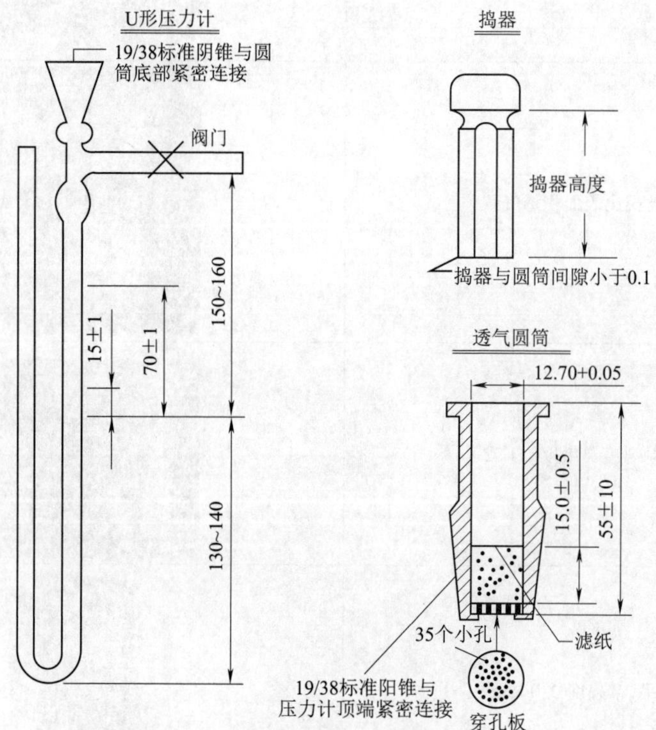

图 3.3.1　比表面积 U 形压力计示意(单位:mm)

注:捣器高度应使料层厚度达(15.0±0.5)mm。

(2)确定空隙率

P·Ⅰ、P·Ⅱ型水泥的空隙率采用0.500±0.005,其他水泥或粉料的空隙率选用0.53±0.005。当按上述空隙率不能将试样压至规定位置时,允许改变空隙率。

(3)确定试样量

本任务需给出水泥密度值,若水泥密度未知,需要测定水泥密度。

试样量按式(3.3.1)计算:

$$m=\rho V(1-\varepsilon) \tag{3.3.1}$$

式中 m——需要的试样量,g;

ρ——试样密度,g/cm^3;

V——试料层体积,cm^3;

ε——试料层空隙率。

(4)试料层制备

①将穿孔板放入透气圆筒的突缘上,用捣棒把一片滤纸放到穿孔板上,边缘放平并压紧。按确定的试样量称取试样,精确到0.001 g,倒入圆筒。轻敲圆筒的边,使水泥层表面平坦,再放入一片滤纸,用捣器均匀捣实试料直至捣器的支持环与圆筒顶边接触,并旋转1~2圈,慢慢取出捣器。

②穿孔板上的滤纸为ϕ12.7 mm边缘光滑的圆形滤纸片,每次测定需用新的滤纸片。

(5)透气试验

①把装有试料层的透气圆筒下锥面涂一薄层活塞油脂,然后把它插入压力计顶端锥型磨口处,旋转1~2圈。要保证紧密连接不漏气,并不振动所制备的试料层。

②打开微型电磁泵,慢慢从压力计一端抽出空气,直到压力计内液面上升到扩大部下端时关闭阀门。当压力计内液体的凹液面下降到第一刻线时开始计时,当液体的凹液面下降到第二刻线时停止计时,记录液面从第一刻度线到第二刻度线所需的时间。以秒记录,并记录下试验时的温度,每次透气试验,应重新制备试料层。

(6)计算

勃氏比表面积透气仪可自动计算出比表面积,操作者只需记录数据。

比表面积的计算公式如下,仅供参考。

①当被检测试样的密度、试料层中空隙率与标准样品相同,试验时的温度与校准温度之差≤3 ℃时,可按式(3.3.2)计算。

$$S=\frac{S_S\sqrt{T}}{\sqrt{T_S}} \tag{3.3.2}$$

如试验时的温度与校准温度之差>3 ℃时,则按式(3.3.3)计算。

$$S=\frac{S_S\sqrt{\eta_S}\sqrt{T}}{\sqrt{\eta}\sqrt{T_S}} \tag{3.3.3}$$

式中 S——被测试样的比表面积,cm^2/g;

S_S——标准样品的比表面积,cm^2/g;

T——被测试样试验时,压力计中液面降落测得的时间,s;

T_S——标准样品试验时，压力计中液面降落测得的时间，s；

η——被测试样试验温度下的空气黏度，μPa·s；

η_S——标准样品试验温度下的空气黏度，μPa·s。

②当被测试样的试料层中空隙率与标准样品试料层中空隙率不同，试验时的温度与校准温度之差≤3 ℃时，可按式(3.3.4)计算。

$$S=\frac{S_S\sqrt{T}(1-\boldsymbol{\varepsilon}_S)\sqrt{\boldsymbol{\varepsilon}^3}}{\sqrt{T_S}(1-\boldsymbol{\varepsilon})\sqrt{\boldsymbol{\varepsilon}_S^3}} \tag{3.3.4}$$

如试验时的温度与校准温度之差>3 ℃时，可按式(3.3.5)计算。

$$S=\frac{S_S\sqrt{\eta_S}\sqrt{T}(1-\boldsymbol{\varepsilon}_S)\sqrt{\boldsymbol{\varepsilon}^3}}{\sqrt{\eta}\sqrt{T_S}(1-\boldsymbol{\varepsilon})\sqrt{\boldsymbol{\varepsilon}_S^3}} \tag{3.3.5}$$

式中 $\boldsymbol{\varepsilon}$——被测试样试料层中的空隙率；

$\boldsymbol{\varepsilon}_S$——标准样品试料层中的空隙率。

③当被测试样的密度和空隙率均与标准样品不同，试验时的温度与校准温度之差≤3 ℃时，可按式(3.3.6)计算。

$$S=\frac{S_S\rho_S\sqrt{T}(1-\boldsymbol{\varepsilon}_S)\sqrt{\boldsymbol{\varepsilon}^3}}{\rho\sqrt{T_S}(1-\boldsymbol{\varepsilon})\sqrt{\boldsymbol{\varepsilon}_S^3}} \tag{3.3.6}$$

如试验时的温度与校准温度之差>3 ℃时，可按式(3.3.7)计算。

$$S=\frac{S_S\rho_S\sqrt{\eta_S}\sqrt{T}(1-\boldsymbol{\varepsilon}_S)\sqrt{\boldsymbol{\varepsilon}^3}}{\rho\sqrt{\eta}\sqrt{T_S}(1-\boldsymbol{\varepsilon})\sqrt{\boldsymbol{\varepsilon}_S^3}} \tag{3.3.7}$$

式中 ρ——被测试样的密度，g/cm^3；

ρ_S——标准样品的密度，g/cm^3。

(7)结果处理

水泥比表面积应由两次透气试验结果的平均值确定，如两次试验结果相差2%以上时，应重新试验，计算结果保留至10 cm^2/g。

3.3.2 水泥比表面积测定相关知识

1.水泥比表面积定义

水泥比表面积是单位质量的水泥粉末所具有的总表面积，以平方厘米每克(cm^2/g)或平方米每千克(m^2/kg)来表示。

2.水泥比表面积的检测目的

通用水泥中硅酸盐水泥和普通硅酸盐水泥的细度用比表面积表示。

水泥比表面积取决于水泥颗粒粗细。矿物组成相同时，水泥比表面积愈大，与水反应的接触面积愈大，因而水化反应的速度愈快，水泥凝结硬化速度就快，水泥石的早期强度愈高。水泥比表面积愈大，有利于促进水泥充分水化，提升水泥石强度。

3.水泥比表面积指标合格性判定

硅酸盐水泥的细度用勃氏比表面透气仪测定，以比表面积表示，其比表面积不低于300 m^2/kg，且不高于400 m^2/kg。

3.3.3 任务测评

1. 素质测评

水泥比表面积检测的素养点,做到即得分,未做到即零分,见表3.3.2。

表3.3.2 水泥比表面积检测素质测评表

序号	素养点	配分	得分
1	检测室安全检查、温度湿度检查	20	
2	仪器、设备及工具安全检查	20	
3	称量试样不飞溅、不洒落	20	
4	仪器、工具、试验台清洁及整理	20	
5	真实记录原始数据	20	
总分		100	

2. 知识测评

确定本任务关键词,按重要程度进行关键词排序并举例解读。

学生根据对本次任务重要信息捕捉、排序、表达、创新和划分权重能力进行自评,满分100分,见表3.3.3。

表3.3.3 水泥比表面积检测知识测评表

序号	关键词	举例解读	评分
1			
2			
3			
总分			

3. 能力测评

检测水泥比表面积,完成检测报告,见表3.3.4。本任务所列内容,操作规范即得分,操作错误或未操作即零分,见表3.3.5。

表3.3.4 水泥比表面积检测报告

水泥品种		强度等级		代表批量(t)	
生产厂家				出厂编号	
检测项目	标准要求		检测结果		平均值
比表面积(m^2/kg)					
依据标准					
检测结论					
备注					

表 3.3.5 水泥比表面积检测能力测评表

序号	技能点	配分	得分
1	漏气检查	10	
2	试样量的确定及称量	20	
3	试料层制备	20	
4	透气试验操作	30	
5	数据处理及合格性判定	20	
总分		100	

4.拓展训练

(1)请列举水泥比表面积检测过程中易出现的问题,分析产生问题的原因,并制定解决措施。

(2)总结透气试验过程控制的注意事项。

(3)通过对硅酸盐水泥或普通硅酸盐水泥比表面积的检测,可以对水泥比表面积的合格性进行判定,为水泥是否合格提供判断依据。试验检测人员要增强责任意识,为材料质量把关。

3.3.4 任务总结与反思

完成任务总结报告,见表 3.3.6。

表 3.3.6 任务总结报告

班级:	姓名:	学号:	完成时间:
任务名称:水泥比表面积测定		组长签字:	教师签字:
类别	内容	学生总结	教师点评
知识点	比表面积指标		
	比表面积的影响		
	比表面积合格性判定		
技能点	漏气检查		
	确定空隙率		
	确定试样量		
	制备试料层		
	透气试验操作		
	数据整理		
反思			

任务3.4 水泥标准稠度用水量测定

3.4.1 水泥标准稠度用水量操作步骤

1.检测目的及依据

水泥的凝结时间、安定性均受水泥浆稠度的影响，为了不同水泥具有可比性，水泥必须有一个标准稠度，通过此项试验测定水泥浆达到标准稠度时的用水量，作为凝结时间和安定性试验用水量的标准。

依据标准：《通用硅酸盐水泥》(GB 175—2023)；《水泥标准稠度用水量、凝结时间、安定性检验方法》(GB/T 1346—2011)。

2.主要仪器设备

水泥标准稠度用水量测定的主要仪器设备见表3.4.1。图3.4.1为试锥及锥模示意；图3.4.2为试针及圆模示意。

表3.4.1 水泥标准稠度用水量测定仪器设备

仪器名称	仪器图片	仪器名称	仪器图片
水泥净浆搅拌机		标准法维卡仪	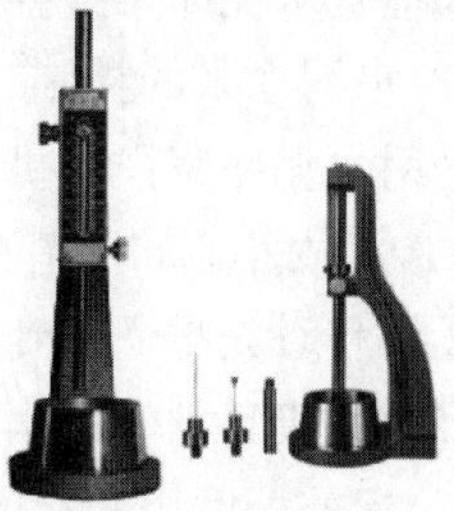
代用法维卡仪	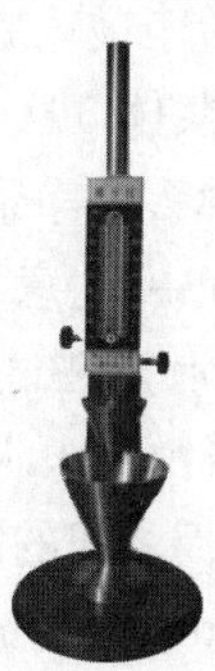	量筒	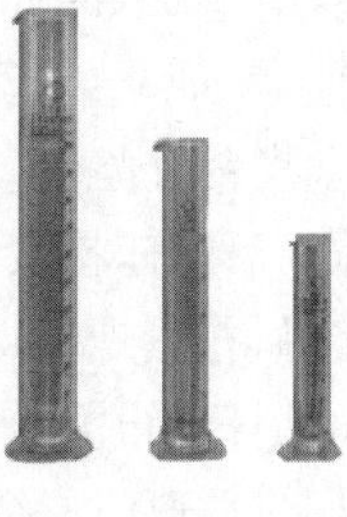
天平(精确度不大于1 g)			

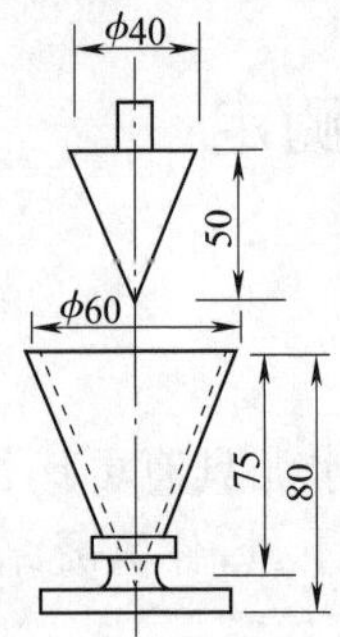

图 3.4.1　试锥及锥模示意(单位:mm)

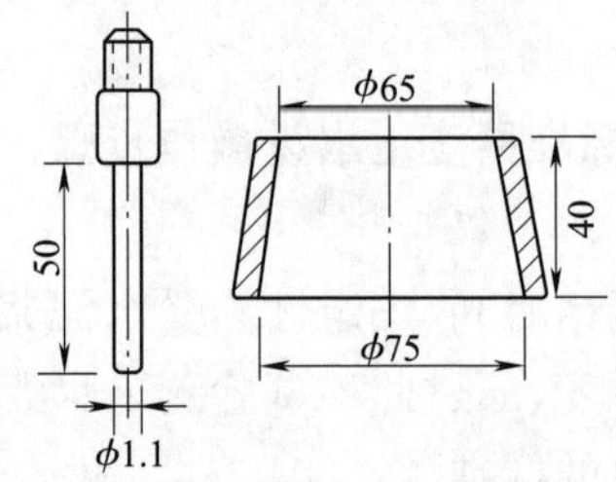

图 3.4.2　试针及圆模示意(单位:mm)

3. 试验步骤

1)标准法

(1)仪器检查

①检查标准法维卡仪的滑动杆能否自由滑动,调整维卡仪试杆,使其接触玻璃板时指针对准零点。

②试模和玻璃底板用湿布擦拭,将试模放在底板上。

③检查水泥净浆搅拌机是否运行正常。

(2)水泥净浆的拌制

①用水泥净浆搅拌机搅拌,搅拌锅、搅拌叶片用湿布擦过,将拌和水倒入搅拌锅内,然后在 5～10 s 内小心将称好的 500 g 水泥试样倒入搅拌锅内,防止水和水泥溅出。

②拌和时先将锅放到搅拌机锅座上,升至搅拌位置,开动机器,低速搅拌 120 s,停 15 s,同时将搅拌机具粘有的水泥浆刮入锅内,接着高速搅拌 120 s 后停机。

(3)标准稠度用水量的测定

①拌和结束后,立即将拌和的水泥净浆一次性装入已置于玻璃底板上的试模内,浆体超过试模上端,用宽 25 mm 的直边刀轻轻拍打超出试模部分的浆体 5 次,以排除浆体中的孔隙,然后在试模上表面约 1/3 处,略倾斜于试模分别向外轻轻锯掉多余净浆,再从试模边沿轻抹顶部一次,使净浆表面光滑。在锯掉多余净浆和抹平的操作过程中,注意不要压实净浆。

②抹平后迅速将试模和底板移到维卡仪上,并将其中心定在试杆下,调整试杆与水泥净浆表面接触,拧紧螺钉 1～2 s 后,突然放松,使试杆垂直自由沉入水泥净浆中。

③在试杆停止沉入或释放试杆 30 s 时记录试杆距底板之间的距离。

④升起试杆后,立即擦净,整个操作应在搅拌后 1.5 min 内完成。

⑤以试杆沉入净浆并距底板 6 mm±1 mm 时,水泥净浆为标准稠度净浆,其拌和水量为该水泥的标准稠度用水量(P),按水泥质量的百分比计。

2)代用法

(1)仪器检查

①检查代用法维卡仪的金属棒能否自由滑动。

②调整试锥接触锥模顶面时指针对准零点。

③检查水泥净浆搅拌机是否运行正常。

(2)水泥净浆的拌制

水泥标准稠度用水量测定代用法分为调整水量法和不变水量法,采用调整水量法时拌和水量按经验加水,采用不变水量法时拌和水量为 142.5 mL。

水泥净浆拌制方法步骤按照标准法。

(3)标准稠度用水量的测定

①拌和结束后,立即将拌和的水泥净浆装入锥模内,用宽 25 mm 的直边刀在浆体表面轻轻插捣 5 次,再轻振 5 次,刮去多余的净浆。

②抹平后迅速放到试锥下面固定位置上,将试锥降至净浆表面,拧紧螺钉 1~2 s 后,突然放松,使试锥垂直自由沉入水泥净浆中。

③到试锥停止下沉或释放试锥 30 s 时记录试锥下沉深度,整个操作应在搅拌后1.5 min 内完成。

④用调整水量法测定时,以试锥下沉深度 30 mm±1 mm 时的净浆为标准稠度净浆,其拌和水量为该水泥的标准稠度用水量(P),按水泥质量的百分比计。如下沉深度超出范围,须另称试样,调整水量,重新试验,直至达到 30 mm±1 mm 为止。

⑤用不变水量法测定时,根据式(3.4.1)(或仪器上对应的标尺)计算得到标准稠度用水量 P(%)。当试锥下沉深度小于 13 mm 时,应改为调整水量法测定。

$$P=33.4-0.185S \tag{3.4.1}$$

式中 P——标准稠度用水量,%;

S——试锥下沉深度,mm。

3.4.2 水泥标准稠度用水量测定相关知识

1. 水泥标准稠度用水量的定义

水泥标准稠度用水量 P 即水泥净浆达到标准稠度时所需的拌和水量,以水占水泥质量百分率表示,硅酸盐水泥的标准稠度用水量一般为 24%~30%。

2. 测定水泥标准稠度用水量的意义

水泥的凝结时间、安定性均受水泥净浆稠度的影响,为了测定水泥的凝结时间、安定性等性能,使其具有可比性,必须在一定的稠度下进行,即在标准稠度下进行,水泥标准稠度用水量作为凝结时间和安定性试验用水量的标准。

3. 试验原理

水泥标准稠度净浆对标准试杆(或试锥)的沉入具有一定的阻力。通过试验不同含水率水泥净浆的穿透性,以确定水泥标准稠度净浆中所需加入的水量。

4. 试验注意事项

(1)标准法维卡仪的滑动杆能自由滑动;代用法维卡仪的金属棒能自由滑动。

(2)调节零点:标准法:试模和玻璃底板用湿布擦拭,将试模放在底板上,调整维卡仪试杆接触玻璃板时指针对准零点。代用法:调整试锥接触锥模顶面时指针对准零点。

(3)下沉深度整个操作应在水泥净浆搅拌完毕后 1.5 min 内完成。

3.4.3 任务测评

1. 素质测评

水泥标准稠度用水量的素养点，做到即得分，未做到即零分，见表 3.4.2。

表 3.4.2 水泥标准稠度用水量测定素质测评表

序号	素养点	配分	得分
1	检测室安全检查、温度湿度检查	20	
2	仪器、设备及工具安全检查	20	
3	称量试样不飞溅、不洒落	20	
4	仪器、工具、试验台清洁及整理	20	
5	真实记录原始数据	20	
总分		100	

2. 知识测评

确定本任务关键词，按重要程度进行关键词排序并举例解读。

学生根据对本次任务重要信息捕捉、排序、表达、创新和划分权重能力进行自评，满分 100 分，见表 3.4.3。

表 3.4.3 水泥标准稠度用水量测定知识测评表

序号	关键词	举例解读	评分
1			
2			
3			
总分			

3. 能力测评

测定水泥标准稠度用水量，填写试验报告，见表 3.4.4。本任务作业内容，操作规范即得分，操作错误或未操作即零分，见表 3.4.5。

表 3.4.4 水泥标准稠度用水量检测报告

<table>
<tr><td>水泥品种</td><td></td><td colspan="2">强度等级</td><td></td><td>代表批量(t)</td><td></td></tr>
<tr><td>生产厂家</td><td colspan="4"></td><td>出厂编号</td><td></td></tr>
<tr><td rowspan="3">检测数据</td><td colspan="2">水泥(g)</td><td colspan="2">水(g)</td><td>(代用法)
下沉深度(mm)</td><td>(标准法)
距底板距离(mm)</td></tr>
<tr><td colspan="2"></td><td colspan="2"></td><td></td><td></td></tr>
<tr><td colspan="2"></td><td colspan="2"></td><td></td><td></td></tr>
<tr><td>依据标准</td><td colspan="6"></td></tr>
<tr><td>检测结论</td><td colspan="6"></td></tr>
<tr><td>备注</td><td colspan="6"></td></tr>
</table>

表 3.4.5 水泥标准稠度用水量测定能力测评表

序号	技能点	配分	得分
1	调节零点	10	
2	试样量的确定及称量	20	
3	水泥净浆制备的操作	20	
4	下沉深度测定的操作	30	
5	数据处理及水泥净浆标准稠度的判定	20	
总分		100	

4.拓展训练

(1)请列举水泥标准稠度用水量测定过程中易出现的问题,分析产生问题的原因,并制定解决措施。

(2)通过测定维卡仪的下沉深度,发现下沉深度或下沉距底板的距离不满足要求,说明该水泥净浆没有达到标准稠度,下一步应如何操作呢?如何调整拌和水量使水泥净浆达到标准稠度?请进行分析说明,并解决问题。

(3)请绘制思维导图,按照学习目标三要素,对水泥标准稠度用水量测定的学习收获进行总结。

3.4.4 任务总结与反思

完成任务总结报告,见表 3.4.6。

表 3.4.6 任务总结报告

班级:	姓名:	学号:	完成时间:
任务名称:水泥标准稠度用水量测定		组长签字:	教师签字:
类别	内容	学生总结	教师点评
知识点	水泥标准稠度用水量的定义		
	水泥标准稠度用水量的意义		
	水泥净浆达到标准稠度的判定		
技能点	调节零点		
	试样量的确定和称量		
	水泥净浆的拌制		
	水泥净浆待测试样的制备		
	下沉深度的测定		
	数据整理		
反思			

任务3.5 水泥凝结时间测定

3.5.1 水泥凝结时间测定操作步骤

1. 检测依据

依据标准:《通用硅酸盐水泥》(GB 175—2023);《水泥标准稠度用水量、凝结时间、安定性检验方法》(GB/T 1346—2011)。

2. 主要仪器设备

水泥凝结时间测定的主要仪器设备,见表3.5.1。图3.5.1为水泥凝结时间试针示意,图3.5.2为水泥凝结时间圆模示意。

表3.5.1 水泥凝结时间测定仪器设备

仪器名称	仪器图片	仪器名称	仪器图片
水泥净浆搅拌机	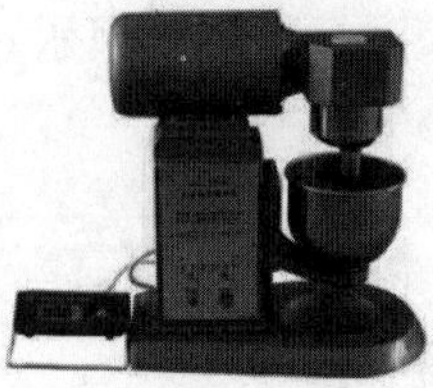	水泥凝结时间测定维卡仪	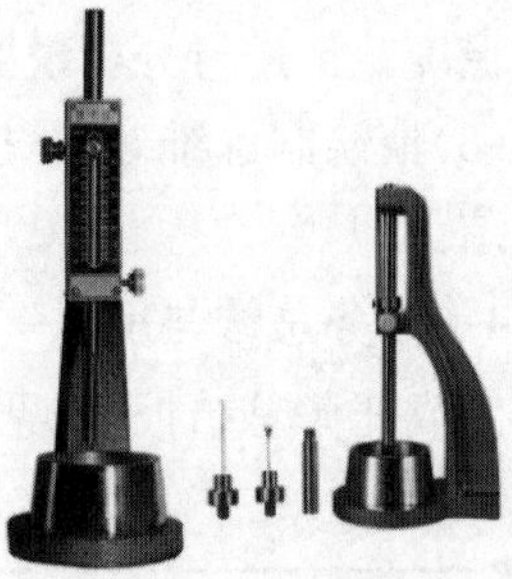
水泥凝结时间试针		自动凝结时间测定仪	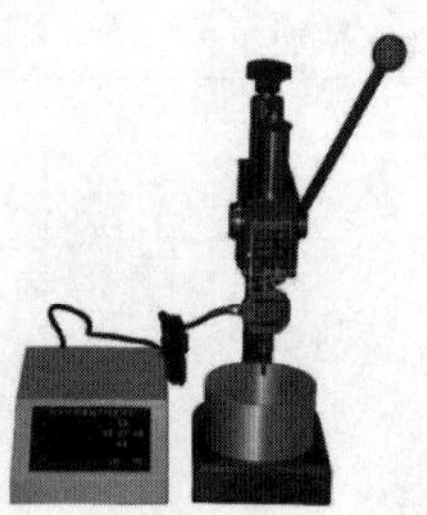
量筒(精确度±0.5 mL)	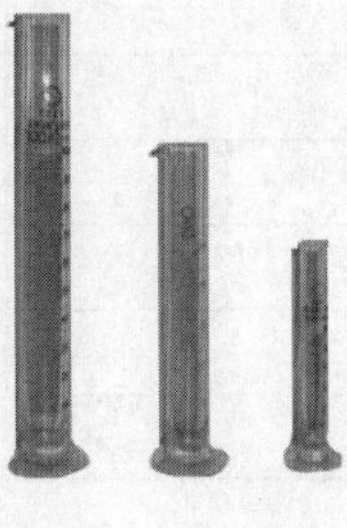	天平(精确度不大于1 g)	

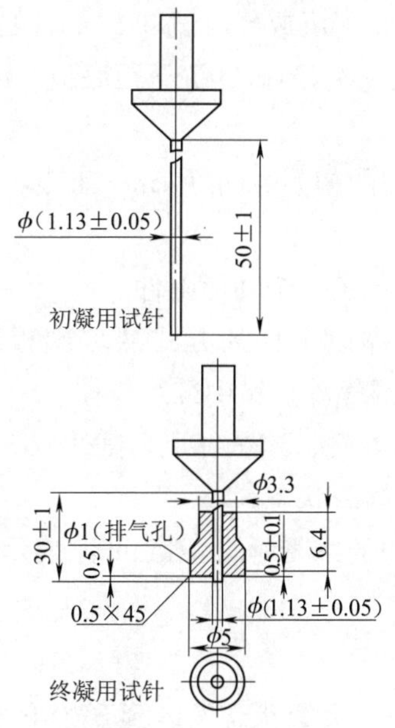

图 3.5.1 水泥凝结时间试针示意(单位:mm)

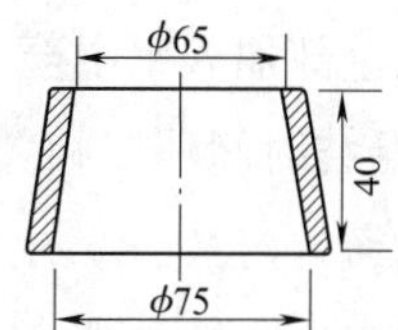

图 3.5.2 水泥凝结时间圆模示意(单位:mm)

3. 试验步骤

(1)仪器检查

①检查水泥凝结时间测定仪的滑动杆能否自由滑动,调整试针,使其接触玻璃板时指针对准零点。

②试模和玻璃底板用湿布擦拭,将试模放在底板上。

③检查水泥净浆搅拌机是否运行正常。

(2)水泥净浆的拌制

①用水泥净浆搅拌机搅拌,搅拌锅、搅拌叶片用湿布擦过,将水泥标准稠度拌和水量倒入搅拌锅内,然后在 5～10 s 内小心将称好的 500 g 水泥试样倒入搅拌锅内,防止水和水泥溅出。

②拌和时先将锅放到搅拌机锅座上,升至搅拌位置,开动机器,低速搅拌 120 s,停 15 s,同时将搅拌机具粘有的水泥浆刮入锅内,接着高速搅拌 120 s 后停机,制成标准稠度水泥净浆。

③记录水泥全部加入水中的时间作为凝结时间的起始时间。

(3)试件的制备

拌和结束后,立即将拌和的水泥净浆一次性装入已置于玻璃底板上的试模内,浆体超过试模上端,用宽 25 mm 的直边刀轻轻拍打超出试模部分的浆体 5 次,以排除浆体中的孔隙,然后在试模上表面约 1/3 处,略倾斜于试模分别向外轻轻锯掉多余净浆,再从试模边沿轻抹顶部一次,使净浆表面光滑。在锯掉多余净浆和抹平的操作过程中,注意不要压实净浆,抹平后立即放入湿气养护箱中。

(4)初凝时间的测定

①试件在湿气养护箱中养护至加水后 30 min 时进行第一次测定。

②测定时,从湿气养护箱中取出圆模放到试针下,使试针与净浆表面接触,拧紧螺钉 1～

2 s后突然放松，试针垂直自由沉入净浆，观察试针停止下沉或释放试针30 s时的指针读数。

③临近初凝时间时每隔5 min(或更短时间)测定一次，当试针沉至距底板4 mm±1 mm时，为水泥达到初凝状态。

④由水泥全部加入水中至初凝状态的时间为水泥的初凝时间，用min来表示。

(5)终凝时间的测定

①为了准确观测试针沉入的状况，在终凝针上安装了一个环形附件。

②在完成初凝时间测定后，立即将试模连同浆体以平移的方式从玻璃板取下，翻转180°，直径大端向上、小端向下放在玻璃板上，再放入湿气养护箱中继续养护。

③临近终凝时间时每隔15 min(或更短时间)测定一次，当试针沉入试体0.5 mm时，即环形附件开始不能在试体上留下痕迹时，为水泥达到终凝状态。

④由水泥全部加入水中至终凝状态的时间为水泥的终凝时间，用min来表示。

3.5.2 水泥凝结时间测定相关知识

1. 凝结时间的定义

凝结时间是指水泥从加水开始到失去流动性，即从可塑状态发展到开始形成固体状态所需的时间，分为初凝和终凝。初凝时间为水泥从开始加水拌和起至水泥浆开始失去可塑性所需的时间。终凝时间是从水泥开始加水拌和起至水泥浆完全失去可塑性，并开始产生强度所需的时间。

2. 水泥凝结时间的测定意义

水泥的凝结时间对施工有重大意义，水泥的初凝不宜过早，以便在施工时有足够的时间完成混凝土或砂浆的搅拌、运输、浇捣和砌筑等操作；水泥的终凝不宜过迟，以免拖延施工工期。

3. 试验注意事项

(1)在最初测定的操作时应轻轻持金属柱，使其徐徐下降，以防试针撞弯，但结果以自由下落为准。

(2)在整个测试过程中试针沉入的位置至少要距试模内壁10 mm。

(3)每次测定不能让试针落入原针孔，每次测试完毕须将试针擦净并将试模放回湿气养护箱内，整个测试过程要防止试模受振。

(4)临近初凝时每隔5 min(或更短时间)测定一次，到达初凝时应立即重复测一次，当两次结论相同时才能确定到达初凝状态。

(5)临近终凝时每隔15 min(或更短时间)测定一次，到达终凝时，需要在试体另外两个不同点测试，确认结论相同才能确定到达终凝状态。

(6)可以使用能得出与标准中规定方法相同结果的凝结时间的自动测定仪，有不同时以标准规定方法为准。

4. 水泥凝结时间合格性判定依据

国家标准《通用硅酸盐水泥》(GB 175—2023)规定：硅酸盐水泥初凝时间不小于45 min，终凝时间不大于390 min。

普通硅酸盐水泥、矿渣硅酸盐水泥、火山灰质硅酸盐水泥、粉煤灰硅酸盐水泥和复合硅酸盐水泥初凝时间不小于 45 min,终凝时间不大于 600 min。

3.5.3　任务测评

1. 素质测评

水泥凝结时间测定的素养点,做到即得分,未做到即零分,见表 3.5.2。

表 3.5.2　水泥凝结时间测定素质测评表

序号	素养点	配分	得分
1	检测室安全检查、温度湿度检查	20	
2	仪器、设备及工具安全检查	20	
3	称量试样不飞溅、不洒落	20	
4	仪器、工具、试验台清洁及整理	20	
5	真实记录原始数据	20	
总分		100	

2. 知识测评

确定本任务关键词,按重要程度进行关键词排序并举例解读。

学生根据对本次任务重要信息捕捉、排序、表达、创新和划分权重能力进行自评,满分 100 分,见表 3.5.3。

表 3.5.3　水泥凝结时间测定知识测评表

序号	关键词	举例解读	评分
1			
2			
3			
总分			

3. 能力测评

测定水泥凝结时间,完成检测报告,见表 3.5.4。本次任务作业内容,操作规范即得分,操作错误或未操作即零分,见表 3.5.5。

表 3.5.4　水泥凝结时间检测报告

水泥品种		强度等级		代表批量(t)	
生产厂家				出厂编号	
检测项目	标准要求		检测结果		
初凝时间(min)					
终凝时间(min)					
依据标准					
检测结论					
备注					

表 3.5.5 水泥凝结时间测定能力测评表

序号	技能点	配分	得分
1	调节零点操作	10	
2	标准稠度水泥净浆的制备操作	20	
3	待测圆模试样的制备及养护	20	
4	试针距底板距离及下沉深度测定的操作	30	
5	记录数据及水泥初凝状态和终凝状态的判定	20	
总分		100	

4. 拓展训练

(1)请列举水泥凝结时间测定过程中易出现的问题，分析产生问题的原因，并制定解决措施。

(2)总结标准稠度水泥净浆制备操作过程的注意事项。

(3)请绘制思维导图，按照学习目标三要素，对水泥凝结时间测定的学习收获进行总结。

3.5.4 任务总结与反思

完成任务总结报告，见表 3.5.6。

表 3.5.6 任务总结报告

班级：	姓名：	学号：	完成时间：
任务名称：水泥凝结时间测定		组长签字：	教师签字：
类别	内容	学生总结	教师点评
知识点	水泥凝结时间的定义		
	测定水泥凝结时间的意义		
	水泥凝结时间合格性判定		
技能点	调节零点		
	标准稠度水泥净浆的拌制		
	水泥净浆待测试样的制备		
	水泥凝结时间测定仪使用		
	水泥初凝状态和终凝状态的判定		
反思			

任务 3.6 水泥安定性试验

3.6.1 水泥安定性操作步骤

1. 检测依据

依据标准：《通用硅酸盐水泥》(GB 175—2023)；《水泥标准稠度用水量、凝结时间、安定性检验方法》(GB/T 1346—2011)。

2. 主要仪器设备

水泥安定性检测的主要仪器设备见表3.6.1。

表3.6.1 水泥安定性试验仪器设备

仪器名称	仪器图片
水泥净浆搅拌机	
雷氏夹(由铜质材料制成)	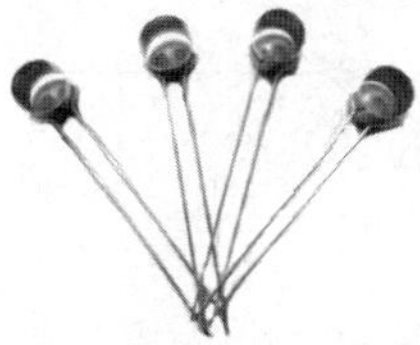
雷氏夹膨胀测定仪	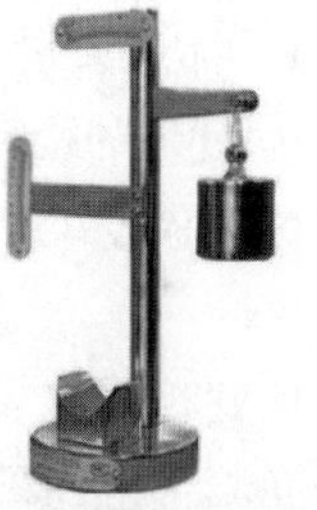
沸煮箱(有效容积约为410 mm×240 mm×310 mm)	
量筒(精确度±0.5 mL)	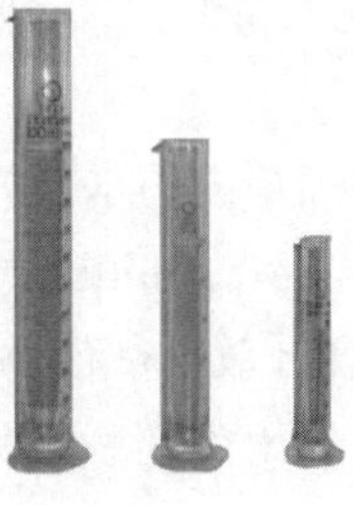

续上表

仪器名称	仪器图片
天平(精确度不大于 1 g)	
玻璃板(边长或直径约 80 mm,厚度 4～5 mm,至少四块;边长约 100 mm 的玻璃板,至少两块)	

3. 试验步骤

(1)仪器检查

①检查水泥净浆搅拌机是否运行正常。

②检查雷氏夹是否符合要求,当一根指针的根部先悬挂在一根金属丝或尼龙丝上,另一根指针的根部再挂上 300 g 质量的砝码时,两根指针针尖的距离增加应在 17.5 mm±2.5 mm 范围内,当去掉砝码后针尖的距离能恢复至放砝码前的状态。

③检查水泥标准稠度维卡仪的滑动杆能否自由滑动,调整试针,使其接触玻璃板时指针对准零点。

④试模和玻璃底板用湿布擦拭,将试模放在底板上。

⑤凡与水泥净浆接触的玻璃板和雷氏夹内表面都稍涂一层矿物油。

(2)水泥净浆的拌制

此处水泥净浆的拌制方法同水泥凝结时间测定。

(3)标准法

①雷氏夹试件的成型

将预先准备好的雷氏夹放在已擦少量油的玻璃板上,并立即将已制好的标准稠度净浆一次装满雷氏夹,装浆时一只手轻轻持雷氏夹,另一只手用宽约 25 mm 的直边刀在浆体表面轻轻插捣 3 次,然后抹平,盖上涂少量油的玻璃板,接着立即将试件移至湿气养护箱内养护 24 h±2 h。

②沸煮

a. 调整好沸煮箱内的水位,能保证在整个沸煮过程中都超过试件,不需中途添补试验用水,同时又能保证在 30 min±5 min 内升至沸腾。

b. 脱去玻璃板,取下试件,先测量雷氏夹指针尖端间的距离(A),精确到 0.5 mm,接着将试件放入沸煮箱水中的试件架上,指针朝上,然后在 30 min±5 min 内加热至沸腾,并恒沸 180 min±5 min。

③结果判定

a. 沸煮结束后，立即放掉沸煮箱中的热水，打开箱盖，待箱体冷却至室温，取出试件进行判别。

b. 测量雷氏夹指针尖端的距离(C)，准确至 0.5 mm，当两个试件煮后增加距离(C-A)的平均值不大于 5.0 mm 时，即认为该水泥安定性合格。

c. 当两个试件煮后增加距离(C-A)的平均值大于 5.0 mm 时，应用同一样品立即重做一次试验，以复检结果为准。

(4)代用法

①试饼的成型

将制好的标准稠度净浆取出一部分，分成两等份，使之成球形，放在预先准备好的玻璃板上，轻轻振动玻璃板并用湿布擦过的小刀由边缘向中央抹，做成直径 70～80 mm、中心厚约 10 mm、边缘渐薄、表面光滑的试饼，接着将试饼放入湿气养护箱内养护 24 h±2 h。

②沸煮

a. 调整好沸煮箱内的水位，能保证在整个沸煮过程中都超过试件，不需中途添补试验用水，同时又能保证在 30 min±5 min 内升至沸腾。

b. 脱去玻璃板，取下试件，在试饼无缺陷的情况下，将试饼放在沸煮箱水中的篦板上，在 30 min±5 min 内加热至沸腾，并恒沸 180 min±5 min。

③结果判定

a. 沸煮结束后，立即放掉沸煮箱中的热水，打开箱盖，待箱体冷却至室温，取出试件进行判别。

b. 目测试饼未发现裂缝，用钢直尺检查也没有弯曲(使钢直尺和试饼底部紧靠，以两者间不透光为不弯曲)的试饼为安定性合格，反之为不合格。

c. 当两个试饼判别结果有矛盾时，该水泥的安定性为不合格。

3.6.2 水泥安定性试验相关知识

1. 水泥安定性的定义

水泥安定性是指水泥浆体硬化后体积变化的稳定性。水泥在硬化过程中体积变化不稳定，即为体积安定性不良。安定性不良的水泥，在水泥硬化过程中或硬化后产生不均匀的体积膨胀，导致水泥制品、混凝土构件产生膨胀开裂，甚至崩溃，引起严重的工程事故。

2. 水泥安定性不良原因

造成水泥安定性不良的原因是熟料中含有过量游离氧化钙或过量游离氧化镁或生产水泥时掺入的石膏。

国家标准规定，游离氧化钙(f-CaO)引起的水泥安定性不良用沸煮法进行检验，包括试饼法和雷氏法两种。由游离氧化镁(f-MgO)引起的水泥安定性不良需用压蒸法才能检验出来，由于石膏过量所致的水泥安定性不良需长期在水中才可检测。

由于后两种原因造成体积安定性不良时不易检测，所以国家标准 GB 175—2023 对通用硅酸盐水泥的规定：P·Ⅰ、P·Ⅱ和 P·O 的 MgO 含量≤5.0%，SO_3 含量≤3.5%；其余水泥的 MgO 含量≤6.0%(矿渣硅酸盐水泥 P·S·B 除外)，SO_3 含量≤3.5%(矿渣硅酸盐水泥 SO_3 含量≤4.0%)。

3.6.3 任务测评

1.素质测评

水泥安定性检测的素养点,做到即得分,未做到即零分,见表3.6.2。

表3.6.2 水泥安定性测定素质测评表

序号	素养点	配分	得分
1	检测室温度湿度检查	20	
2	仪器、设备及工具安全检查	20	
3	称量试样不飞溅、不洒落	20	
4	仪器、工具、试验台清洁及整理	20	
5	真实记录原始数据	20	
总分		100	

2.知识测评

确定本任务关键词,按重要程度进行关键词排序并举例解读。

学生根据对本次任务重要信息捕捉、排序、表达、创新和划分权重能力进行自评,满分100分,见表3.6.3。

表3.6.3 水泥安定性测定知识测评表

序号	关键词	举例解读	评分
1			
2			
3			
总分			

3.能力测评

检测水泥安定性是否合格,并填写检测报告,见表3.6.4。本任务所列内容,操作规范即得分,操作错误或未操作即零分,见表3.6.5。

表3.6.4 水泥安定性检测报告

<table>
<tr><td>水泥品种</td><td></td><td>强度等级</td><td></td><td>代表批量(t)</td><td></td></tr>
<tr><td>生产厂家</td><td colspan="3"></td><td>出厂编号</td><td></td></tr>
<tr><td>检测项目</td><td colspan="2">标准要求</td><td colspan="3">检测结果</td></tr>
<tr><td>安定性(试饼法)</td><td colspan="2"></td><td colspan="3"></td></tr>
<tr><td>安定性
(mm,雷氏法)</td><td colspan="2"></td><td colspan="3"></td></tr>
<tr><td>依据标准</td><td colspan="5"></td></tr>
<tr><td>检测结论</td><td colspan="5"></td></tr>
<tr><td>备注</td><td colspan="5"></td></tr>
</table>

表3.6.5　水泥安定性测定能力测评表

序号	技能点	配分	得分
1	调节雷氏夹膨胀测定仪零点操作	10	
2	标准稠度水泥净浆的制备操作	20	
3	雷氏夹水泥试样的制备及养护	30	
4	雷氏夹膨胀测定仪的使用	20	
5	记录数据及水泥安定性的判定	20	
总分		100	

4. 拓展训练

(1)请列举水泥安定性测定过程中易出现的问题，分析产生问题的原因，并制定解决措施。

(2)总结雷氏夹水泥试样制备操作过程的注意事项。

(3)请绘制思维导图，按照学习目标三要素，对水泥安定性测定的学习收获进行总结。

3.6.4　任务总结与反思

完成任务总结报告，见表3.6.6。

表3.6.6　任务总结报告

班级：	姓名：	学号：	完成时间：
任务名称：水泥安定性测定		组长签字：	教师签字：
类别	内容	学生总结	教师点评
知识点	水泥安定性的定义		
	水泥安定性不良的原因		
	水泥安定性合格性判定		
技能点	调节雷氏夹膨胀测定仪零点		
	标准稠度水泥净浆拌制		
	雷氏夹水泥试样的制备		
	水泥试饼的制备		
	雷氏夹膨胀测定仪的使用		
反思			

任务3.7　水泥胶砂强度检测

3.7.1　水泥胶砂强度检测操作步骤

1. 检测依据及范围

依据标准：《通用硅酸盐水泥》(GB 175—2023)；《水泥胶砂强度检验方法(ISO法)》(GB/T 17671—2021)。

适用范围:适用于硅酸盐水泥、普通硅酸盐水泥、矿渣硅酸盐水泥、粉煤灰硅酸盐水泥、复合硅酸盐水泥、石灰石硅酸盐水泥的抗折与抗压强度的检验。

2. 主要仪器设备

水泥胶砂强度检测的主要仪器设备见表 3.7.1。

表 3.7.1 水泥胶砂强度检测仪器设备

仪器名称	仪器图片
水泥胶砂搅拌机	
水泥胶砂试模(由三个水平的模槽组成,可同时成型三条截面为 40 mm×40 mm、长 160 mm 的棱柱体试体)	
水泥胶砂振实台	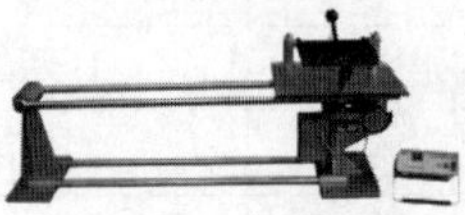
标准湿气养护箱	
抗折强度试验机	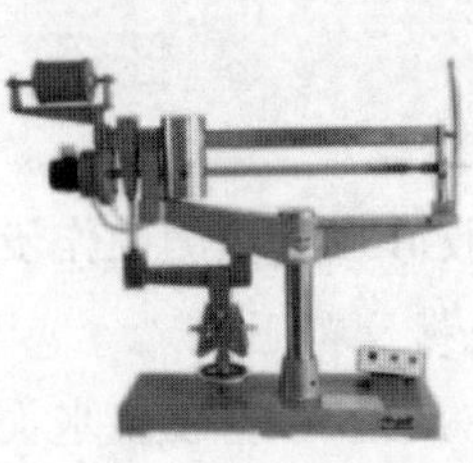

续上表

仪器名称	仪器图片
抗压强度试验机	
水泥胶砂抗压强度试验夹具	

3. 试验步骤

1)胶砂的组成

(1)砂

①ISO 基准砂

ISO 基准砂是由德国标准砂公司制备的 SiO_2 含量不低于 98%的天然的圆形硅质砂组成,其颗粒分布在规定的范围内,见表 3.7.2。

表 3.7.2 ISO 基准砂颗粒分布

方孔筛孔径(mm)	2.00	1.60	1.00	0.50	0.16	0.08
累计筛余(%)	0	7±5	33±5	67±5	87±5	99±1

②中国 ISO 标准砂

中国 ISO 标准砂完全符合 ISO 基准砂颗粒分布的规定,通过对有代表性样品的筛析来测定。中国 ISO 标准砂的湿含量应小于 0.2%,通过代表性样品在 105～110 ℃下烘干至恒重后的质量损失来测定,以干基的质量百分数表示。

中国 ISO 标准砂以(1 350±5)g 的量用塑料袋包装,所用塑料袋材料不得影响强度试验结果,并满足颗粒分布和湿含量要求。

(2)水泥

水泥样品应储存在气密的容器里,这个容器不应与水泥起反应,试验前混合均匀。

(3)水

验收试验或有争议时应使用符合 GB/T 6682—2008 的三级水,其他试验可用饮用水。

2)胶砂的制备

(1)配合比

胶砂的质量配合比应为一份水泥、三份中国 ISO 标准砂和半份水(水灰比为 0.50)。一锅材料需(450±2)g 水泥、(1350±5)g 标准砂和(225±1)g 或(225±1)mL 水,一锅胶砂成型三条试体。

(2)配料

水泥、砂、水或试验用具的温度与试验室相同,称量用的天平精确度应为±1 g。当用自动滴管加 225 mL 水时,滴管精确度应达到±1 mL。

(3)搅拌

胶砂用搅拌机进行机械搅拌时,先使搅拌机处于待工作状态,然后按以下程序进行操作:把水加入锅里,再加水泥,把锅放在固定架上,上升至固定位置。

立即开动机器,低速搅拌 30 s 后,在第二个 30 s 开始的同时均匀地将砂子加入。当各级砂分装时,从最粗粒级开始,依次将所需的每级砂量加完,把机器转至高速再拌 30 s。

停拌 90 s,在第 1 个 15 s 内用一胶皮刮具将叶片和锅壁上的胶砂刮入锅中间,在高速下继续搅拌 60 s。各个搅拌阶段,时间误差应在±1 s 以内。

3)试件制备

(1)尺寸

试件尺寸为 40 mm×40 mm×160 mm 的棱柱体。

(2)成型

①用振实台成型

胶砂制备后立即进行成型,将空试模和模套固定在振实台上,用料勺将锅壁上的胶砂清理到锅内,翻转、搅拌胶砂使其更加均匀,将胶砂分两层装入试模,装第一层时,每个槽里约放 300 g 胶砂,用大播料器垂直架在模套顶部,沿每个模槽来回一次将料层播平,接着振实 60 次;再装入第二层胶砂,用小播料器播平,再振实 60 次;移走模套,从振实台上取下试模,用一金属直尺以近似 90°的角度架在试模模顶的一端,然后沿试模长度方向以横向割锯动作慢慢向另一端移动,一次将超过试模部分的胶砂刮去,并用同一直尺以近乎水平的情况下将试体表面抹平。抹平次数要尽量少,总次数不应超过 3 次。

对试件进行编号:两个龄期以上的试件,在编号时应将同一试模中的三条试件分在两个以上龄期内。

②用振动台成型

在搅拌胶砂的同时,将试模和下料漏斗卡紧在振动台的中心。将搅拌好的全部胶砂均匀地装入下料漏斗中,开动振动台,胶砂通过漏斗流入试模。振动(120±5)s 停车,振动完毕,取下试模,用刮平尺以“用振实台成型”中规定的手法刮去其高出试模的胶砂并抹平,接着在试模上作标记标明试件编号。

4)试件的养护

(1)脱模前的处理和养护

在试模上盖一块玻璃板(也可用相似尺寸的钢板等),盖板不应与水泥胶砂接触,盖板与试模之间的距离应控制在2～3 mm。

立即将作好标记的试模放入养护室或湿箱的水平架子上养护，湿空气应能与试模各边接触。养护时不应将试模放在其他试模上，持续养护至规定脱模时间，取出脱模。

(2)脱模

脱模应非常小心，对于24 h龄期的，应在破型试验前20 min内脱模；对于24 h以上龄期的，应在成型后20～24 h脱模。

(3)水中养护

将做好标记的试件立即水平或竖直放在20 ℃±1 ℃水中养护，水平放置时刮平面应朝上。试件放在不易腐烂的篦子上，并彼此间保持一定的间距，以保证水与试件的六个面接触，养护期间试件之间的间隔或试件上表面的水深不得小于5 mm。每个养护池只养护同类型的水泥试件，最初用自来水装满养护池，随后随时加水保持适当的水位，养护期间可以更换不超过50％的水。除24 h龄期或延迟至48 h脱模的试件外，任何到龄期的试件应在试验(破型)前提前从水中取出。揩去试件表面沉积物，并用湿布覆盖至强度开始测定。

(4)强度试验试件的龄期

试体龄期是从水泥加水搅拌开始试验时算起。不同龄期强度试验在下列时间内进行：24 h±15 min，48 h±30 min，72 h±45 min，7 d±2 h，28 d±8 h。

5)强度测定

先测定抗折强度，然后在折断的棱柱体上进行抗压强度试验，受压面是试件成型时的两个侧面，面积为40 mm×40 mm。当不需要抗折强度数值时，抗折强度试验可以省去，但抗压强度试验应在不使试件受有害应力情况下折断的两截棱柱体上进行。

(1)抗折强度测定

将试件一个侧面放在试验机支承圆柱上，试件长轴垂直于支承圆柱，通过加荷圆柱以(50±10)N/s的速率均匀地将荷载垂直地加在棱柱体相对侧面上，直至折断，保持两个截断棱柱体处于潮湿状态直至抗压试验，抗折强度按式(3.7.1)计算：

$$R_f=\frac{1.5F_fL}{b^3} \tag{3.7.1}$$

式中 R_f——抗折强度，MPa；

F_f——折断时施加于棱柱体中部的荷载，N；

L——支承圆柱之间的距离，mm；

b——棱柱体正方形截面的边长，mm。

(2)抗压强度测定

抗压强度试验用规定的仪器，在截断棱柱体的侧面上进行。截断棱柱体中心与压力机压板受压中心差应在±0.5 mm内，棱柱体露在压板外的部分约有10 mm。在整个加荷过程中以(2 400±200)N/s的速率均匀地加荷直至破坏。抗压强度按式(3.7.2)计算：

$$R_c=\frac{F_c}{A} \tag{3.7.2}$$

式中 R_c——抗压强度,MPa;

F_c——破坏时的最大荷载,N;

A——受压部分面积,mm^2。

6)数据分析

抗折强度结果评定:以一组三个棱柱体抗折结果的平均值作为试验结果。当三个强度值中有一个超出平均值±10%时,应剔除后再取平均值作为抗折强度试验结果,当三个强度值中有两个超出平均值±10%时,则以剩余一个作为抗折强度结果。单个抗折强度结果精确至0.1 MPa,算术平均值精确至0.1 MPa。

抗压强度结果评定:以一组三个棱柱体上得到的六个抗压强度测定值的算术平均值为试验结果。如六个测定值中有一个超出六个平均值的±10%时,应剔除这个结果,以剩余五个的平均数为结果,如果五个测定值中再有超出它们平均值±10%的,则此组结果作废,单个抗压强度结果精确至0.1 MPa,算术平均值精确至0.1 MPa。

3.7.2 水泥胶砂强度检测相关知识

1. 水泥强度等级

水泥强度是表征水泥力学性能的重要指标,它与水泥的矿物组成、水泥细度、水灰比大小、水化龄期和环境温度等密切相关。为了统一试验结果的可比性,水泥强度必须按《水泥胶砂强度试验方法(ISO法)》(GB/T 17671—2021)的规定制作试块,养护并测定其抗压和抗折强度值,该值是评定水泥等级的依据。

2. 试验条件

试验室空气温度和相对湿度及养护池水温在工作期间每天至少记录一次。试验室温度为20 ℃±2 ℃,相对湿度应不低于50%;水泥试样、拌和水、仪器和用具的温度应与试验室一致;湿气养护箱温度为20 ℃±1 ℃,相对湿度应不低于90%。

养护箱或雾室的温度与相对湿度至少每4 h记录一次,在自动控制的情况下记录次数可减至一天记录两次。

3. 水泥强度等级合格性判定依据

国家标准规定通用硅酸盐水泥各龄期的强度值,见表3.1.2,硅酸盐水泥各龄期的强度值均不得低于表3.1.2中相对应的强度等级所要求的数值。为提高水泥早期强度,我国现行标准将水泥分为普通型和早强型(R型)。早强型水泥3 d抗压强度可达28 d抗压强度的50%。

4. 水泥强度等级评定案例

[例]对某硅酸盐水泥胶砂试件进行强度等级测定,达到28 d龄期时,在抗折试验机和抗压试验机上的试验结果读数见表3.7.3,试评定其强度等级(假设3 d强度满足要求)。

表 3.7.3 某硅酸盐水泥 28 d 龄期的强度值

荷载值	抗折破坏荷载(N)	抗压破坏荷载(kN)	
龄期	28 d	28 d	28 d
试验数据	3 100 3 300 3 200	110 137 136	130 140 137
强度平均值(MPa)			

解:(1)计算抗折强度

$$R_{f1}=\frac{1.5F_{f1}L}{b^3}=\frac{1.5\times 3\ 100\times 100\%}{40^3}=7.3(\text{MPa})$$

$$R_{f2}=\frac{1.5F_{f2}L}{b^3}=\frac{1.5\times 3\ 300\times 100\%}{40^3}=7.7(\text{MPa})$$

$$R_{f3}=\frac{1.5F_{f3}L}{b^3}=\frac{1.5\times 3\ 200\times 100\%}{40^3}=7.5(\text{MPa})$$

抗折强度平均值:(7.3+7.7+7.5)÷3=7.5(MPa)

抗折强度值均未超出平均值的±10%,取平均值,抗折强度为 7.5 MPa。

(2)计算抗压强度

$$R_{c1}=\frac{F_{c1}}{A}=\frac{110\times 10^3}{40\times 40}=68.8(\text{MPa})$$

$$R_{c2}=\frac{F_{c2}}{A}=\frac{137\times 10^3}{40\times 40}=85.6(\text{MPa})$$

$$R_{c3}=\frac{F_{c3}}{A}=\frac{136\times 10^3}{40\times 40}=85.0(\text{MPa})$$

$$R_{c4}=\frac{F_{c4}}{A}=\frac{130\times 10^3}{40\times 40}=81.3(\text{MPa})$$

$$R_{c5}=\frac{F_{c5}}{A}=\frac{140\times 10^3}{40\times 40}=87.5(\text{MPa})$$

$$R_{c6}=\frac{F_{c6}}{A}=\frac{137\times 10^3}{40\times 40}=85.6(\text{MPa})$$

抗压强度平均值:(68.8+85.6+85.0+81.3+87.5+85.6)÷6=82.3(MPa)

抗压强度值 68.8 MPa,超出平均值的±10%,因此舍去该值,取剩余五个值的平均值。

抗压强度:(85.6+85.0+81.3+87.5+85.6)÷5=85.0(MPa)

抗压强度值为 85.0 MPa。

(3)强度等级评定

假设 3 d 强度满足要求,28 d 抗折强度为 7.5 MPa,抗压强度值为 85.0 MPa,依据硅酸盐水泥各龄期的强度值(表 3.1.2)得出该硅酸盐水泥强度等级为 52.5 或 52.5R。

3.7.3 任务测评

1. 素质测评

水泥强度等级测定的素养点,做到即得分,未做到即零,见表 3.7.4。

表 3.7.4　水泥强度等级测定素质测评表

序号	素养点	配分	得分
1	检测室安全检查、温度湿度检查	20	
2	仪器、设备及工具安全检查	20	
3	称量试样不飞溅、不洒落	20	
4	仪器、工具、试验台清洁及整理	20	
5	真实记录原始数据	20	
总分		100	

2. 知识测评

确定本任务关键词，按重要程度进行关键词排序并举例解读。

学生根据对本次任务重要信息捕捉、排序、表达、创新和划分权重能力进行自评，满分100分，见表3.7.5。

表 3.7.5　水泥强度等级测定知识测评表

序号	关键词	举例解读	评分
1			
2			
3			
总分			

3. 能力测评

检测水泥强度等级，并填写检测报告，见表3.7.6。本任务所列内容，操作规范即得分，操作错误或未操作即零分，见表3.7.7。

表 3.7.6　水泥胶砂强度检测报告

<table>
<tr><td>水泥品种</td><td></td><td>强度等级</td><td colspan="2"></td><td>代表批量(t)</td><td></td></tr>
<tr><td>生产厂家</td><td colspan="4"></td><td>出厂编号</td><td></td></tr>
<tr><td>强度</td><td>抗折 3 d(MPa)</td><td>抗折 28 d(MPa)</td><td colspan="2">抗压 3 d(MPa)</td><td colspan="2">抗压 28 d(MPa)</td></tr>
<tr><td>标准要求</td><td></td><td></td><td colspan="2"></td><td colspan="2"></td></tr>
<tr><td rowspan="3">测定值</td><td></td><td></td><td></td><td></td><td></td><td></td></tr>
<tr><td></td><td></td><td></td><td></td><td></td><td></td></tr>
<tr><td></td><td></td><td></td><td></td><td></td><td></td></tr>
<tr><td>代表值</td><td></td><td></td><td colspan="2"></td><td colspan="2"></td></tr>
<tr><td>依据标准</td><td colspan="6"></td></tr>
<tr><td>检测结论</td><td colspan="6"></td></tr>
<tr><td>备注</td><td colspan="6"></td></tr>
</table>

表 3.7.7 水泥强度等级测定能力测评表

序号	技能点	配分	得分
1	制备水泥胶砂的操作	20	
2	成型水泥胶砂试件的操作	10	
3	水泥胶砂试件的脱模及养护	10	
4	测定水泥胶砂试件抗折强度和抗压强度的操作	30	
5	数据处理及水泥强度等级的判定	30	
总分		100	

4. 拓展训练

(1)请列举水泥强度等级测定过程中易出现的问题,分析产生问题的原因,并制定解决措施。

(2)总结水泥胶砂制备操作过程的注意事项。

(3)请绘制思维导图,按照学习目标三要素,对水泥强度等级测定的学习收获进行总结。

3.7.4 任务总结与反思

完成任务总结报告,见表 3.7.8。

表 3.7.8 任务总结报告

班级:	姓名:	学号:	完成时间:
任务名称:水泥胶砂强度测定		组长签字:	教师签字:
类别	内容	学生总结	教师点评
知识点	水泥抗折强度计算公式		
	水泥抗压强度计算公式		
	水泥强度等级的判定		
技能点	水泥胶砂的制备		
	水泥胶砂试件试模组装		
	水泥胶砂试件成型振实台的使用		
	水泥胶砂试件的脱模与养护		
	水泥抗折试验机的操作		
	水泥抗压试验机的操作		
	数据整理		
反思			

项目4

骨料检测

项目描述

对混凝土用骨料相关技术指标进行检测。

项目要求

对混凝土用骨料的指标进行检测，检测仪器、检测方法、检测步骤等需严格遵循国家标准及行业规范。同时做好安全防护，正确使用仪器和工具，完成骨料的取样，筛分试验，表观密度试验，颗粒级配检测，针、片状颗粒含量检测，强度检测的任务。

学习目标

1. 素质目标

(1)具有正确的世界观、人生观、价值观，具有深厚的爱国情感和中华民族自豪感；

(2)具有良好的职业道德和职业素养，诚实守信、爱岗敬业；

(3)具有以目标为导向的集体意识和团队合作精神，能够进行有效的人际沟通和协作，能够与小组成员团结合作完成任务；

(4)具有安全意识和创新精神。

2. 知识目标

(1)掌握粗细骨料的定义、作用、性质及应用；

(2)掌握骨料取样方法，并完成取样单；

(3)掌握骨料筛分方法，并完成检测报告；

(4)掌握粗骨料针、片状颗粒含量检测方法，并完成检测报告；

(5)掌握粗骨料强度检测方法，并完成检测报告。

3. 能力目标

(1)具有完成骨料取样并出具取样单的能力；

(2)具有完成骨料筛分试验并出具检测报告的能力；

(3)具有完成粗骨料针、片状颗粒含量检测并出具检测报告的能力；

(4)具有完成粗骨料强度检测并出具检测报告的能力。

项目引入

(1)学习载体

按标准取样方法选取的待测细骨料、粗骨料样品。

(2)相关标准

《建设用砂》(GB/T 14684—2022);

《建设用卵石、碎石》(GB/T 14685—2022)。

(3)案例引入

某施工项目部有一批粗、细骨料,请划分检验批,并对该批骨料进行编号、取样,根据项目建设工程施工质量验收标准规定,对骨料的含泥量和泥块含量,表观密度,堆积密度,颗粒级配,针、片状颗粒含量等指标进行检测,判定是否合格。

港珠澳大桥

港珠澳大桥是一座连接香港、广东珠海和澳门的桥隧工程,位于广东省珠江口伶仃洋海域内,为珠江三角洲地区环线高速公路南环段。港珠澳大桥分别由三座通航桥、一条海底隧道、四座人工岛及连接桥隧、深浅水区非通航孔连续梁式桥和港珠澳三地陆路联络线组成。港珠澳大桥于 2009 年 12 月 15 日动工建设,2018 年 10 月 24 日上午 9 时开通运营。

港珠澳大桥是一座集中了多项世界性难题的工程。港珠澳大桥工程具有规模大、工期短、技术新、经验少、工序多、专业广、要求高、难点多的特点,在道路设计、使用年限以及防撞防振、抗洪抗风等方面均有超高标准。在港珠澳大桥修建过程中,中国国内许多高校、科研院所发挥了重要的技术支撑作用。港珠澳大桥的建设创下多项世界之最,体现了一个国家逢山开路、遇水架桥的奋斗精神,体现了我国综合国力、自主创新能力,体现了勇创世界一流的民族志气,这是一座圆梦桥、同心桥、自信桥、复兴桥。

任务 4.1　骨料取样

4.1.1　骨料取样

1.取样工具

取样工具有标准取样桶、料铲、铁铲等,见表 4.1.1。

2.取样方法

砂、石的验收要按同产地、同规格、同类别分别进行,每批总量不大于 400 m^3 或 600 t。取样方法应符合下列规定:

(1)从料堆上取样时,取样部位应均匀分布,取样前先将取样部位表层铲除,然后从不同部位随机抽取大致等量的砂,共 8 份(石子取样时,石料堆上的顶、中、底三个不同高度处,在各个均匀分布的 5 个不同部位取大致相等的试样各一份,共取 15 份),组成一组样品。

表 4.1.1 骨料取样工具

工具仪器名称	工具仪器图片
标准取样桶	
料铲	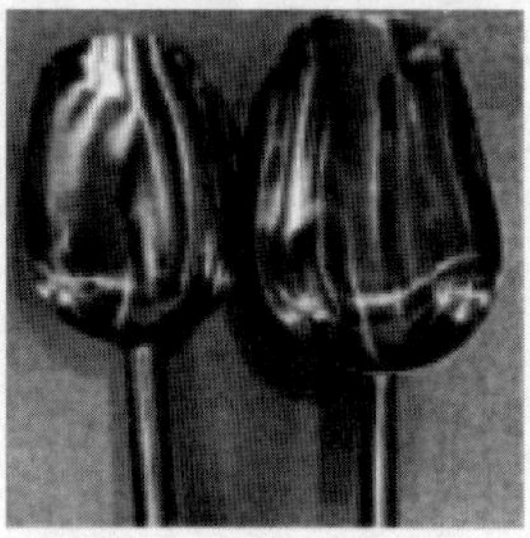
铁铲	

(2)从皮带运输机上取样时,应用与皮带等宽的接料器在皮带运输机出料处全断面定时随机抽取大致等量的砂 4 份(石子取 8 份),组成一组样品。

(3)从火车、汽车、货船上取样时,从不同部位和深度随机抽取大致等量的砂 8 份(石子取 16 份),组成一组样品。

(4)骨料单项试验的最少取样质量应符合规定,见表 4.1.2、表 4.1.3。

表 4.1.2 细骨料单项试验最少取样质量

序号	试验项目	最少取样质量(kg)
1	颗粒级配	4.4
2	含泥量	4.4
3	泥块含量	20.0
4	坚固性	8.0
5		
6	表观密度	2.6
7	松散堆积密度与空隙率	5.0

表 4.1.3 粗骨料单项试验最少取样质量

序号	试验项目	最少取样质量(kg)							
		最大粒径(mm)							
		9.5	16.0	19.0	26.5	31.5	37.5	63.0	≥75.0
1	颗粒级配	9.5	16.0	19.0	25.0	31.5	37.5	63.0	80.0
2	卵石含泥量、碎石泥粉含量	8.0	8.0	24.0	24.0	40.0	40.0	80.0	80.0
3	泥块含量	8.0	8.0	24.0	24.0	40.0	40.0	80.0	80.0
4	针、片状颗粒含量	1.2	4.0	8.0	12.0	20.0	40.0	40.0	40.0
5	表观密度	8.0	8.0	8.0	8.0	12.0	16.0	24.0	24.0
6	堆积密度与空隙率	40.0	40.0	40.0	40.0	80.0	80.0	120.0	120.0
7	坚固性	按试验要求的粒级和质量取样							
8	压碎指标								

取好的骨料倒在平整、洁净的拌板上，拌和均匀，用四分法缩取各试验用试样数量。大致步骤是：将拌匀试样摊成 20 mm 厚的圆饼，在饼上划十字线，将其分成大致相等的四份，除去其对角线的两份，将其余两份再按上述步骤缩取，直到缩分后的质量略大于该项试验所需数量为止，如图 4.1.1 所示。

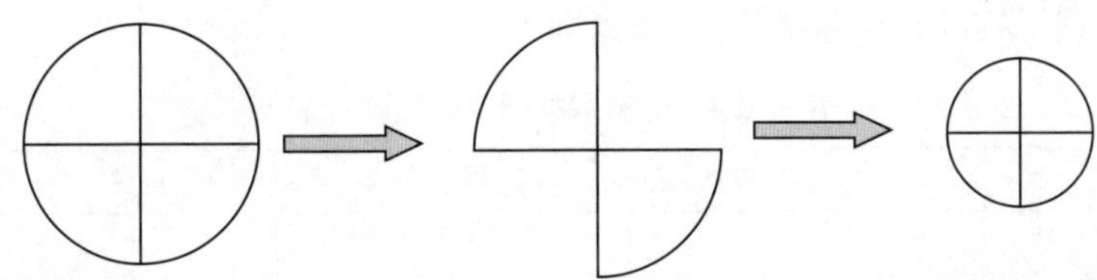

图 4.1.1 四分法示意图

3. 填写取样单

样品取得后，应由负责取样人员填写取样单，应至少包括骨料编号、取样日期、取样地点及取样人。

4.1.2 骨料相关知识

1. 细骨料——砂

混凝土的细骨料主要包括天然砂和机制砂。天然砂指自然生成的，经人工开采和筛分的，粒径小于 4.75 mm 的岩石颗粒，主要有河砂、湖砂、山砂、淡化海砂，不包括软质、风化的岩石颗粒。除山砂外，表面光滑、洁净、颗粒多为球状，拌制的混凝土拌和物流动性好，但与水泥之间的黏结力较差；其中河砂的品质最好，应用最多。山砂表面粗糙，颗粒多棱角，与水泥间有很好的黏结，但拌制的混凝土拌和物流动性较差。

机制砂又称人工砂，是指经除土处理，由机械破碎、筛分制成的，粒径小于 4.75 mm 的岩石、矿山尾矿或工业废渣颗粒，不包括软质、风化的颗粒。人工砂与山砂性质相似，且由于其制作工艺，使得砂中含有较多的片状颗粒及石粉。机制砂的成本较高，一般仅在天然砂缺乏的时候才使用。混合砂是指由天然砂和机制砂混合制成的砂。

砂的技术要求主要包括细度模数和颗粒级配、含泥量和泥块含量、坚固性、轻物质含量、碱集料反应、表观密度和堆积密度等。根据技术要求从高到低，把砂分为Ⅰ类、Ⅱ类、Ⅲ类，其中Ⅰ类砂的性能最好。

2.粗骨料——石子

普通混凝土常用的粗骨料分卵石和碎石两类。卵石是由自然风化、水流搬运和分选、堆积形成的，粒径大于4.75 mm的岩石颗粒，按其产源不同可分为河卵石、海卵石、山卵石等。碎石是天然岩石、卵石或矿山废石经机械破碎、筛分制成的，粒径大于4.75 mm的岩石颗粒。

天然的卵石表面光滑、多为球形，与水泥的黏结力较差，用卵石拌制的混凝土拌和物和易性好，但混凝土硬化后强度较低；且卵石堆积的空隙率和表面积小，拌制混凝土时水泥浆用量较少。碎石表面粗糙、多棱角，与水泥有很好的黏结，用碎石拌制的混凝土拌和物流动性较差，但混凝土硬化后强度较高。

石子的技术要求主要包括颗粒级配，含泥量和泥块含量，坚固性，碱集料反应，表观密度和堆积密度，针、片状含量，强度等。根据技术要求从高到低，把石子分为Ⅰ类、Ⅱ类、Ⅲ类三种级别，其中Ⅰ类卵石、碎石性能最好。

4.1.3 任务测评

1.素质测评

骨料取样的素养点，做到即得分，未做到即零分，见表4.1.4。

表4.1.4 骨料取样操作素质测评表

序号	素养点	配分	得分
1	合作意识	20	
2	安全意识，仪器、设备及工具安全检查	20	
3	节约环保意识，试样不飞溅、不洒落	20	
4	仪器、工具、试验台清洁及整理	20	
5	正确标记并封存试样	20	
总分		100	

2.知识测评

确定本任务关键词，按重要程度进行关键词排序并举例解读。

学生根据对本次任务重要信息捕捉、排序、表达、创新和划分权重能力进行自评，满分100分，见表4.1.5。

表4.1.5 骨料取样操作知识测评表

序号	关键词	举例解读	评分
1			
2			
3			
总分			

3. 能力测评

完成骨料取样并填写取样单，见表 4.1.6。本任务所列内容，操作规范即得分，操作错误或未操作即零分，见表 4.1.7。

表 4.1.6 骨料取样单

样品名称		取样数量	
取样地点		取样日期	
依据标准		样品规格	
样品状态			
取样单位		取样人	
见证单位		见证人	

表 4.1.7 骨料取样操作能力测评表

序号	技能点	配分	得分
1	骨料外观状态检查	20	
2	骨料品种、规格、产地等基本信息检查	20	
3	骨料取样过程控制	40	
4	正确填写取样单	20	
总分		100	

4. 拓展训练

(1)请列举骨料取样过程中易出现的问题，分析产生问题的原因，并制定解决措施。

(2)总结骨料取样过程控制的注意事项。

(3)现从砂料堆上不同部位抽取砂，试用四分法缩取试验用砂 1 000 g。

(4)请绘制思维导图，按照学习目标三要素，对骨料取样操作的学习收获进行总结。

4.1.4 任务总结与反思

完成任务总结报告，见表 4.1.8。

表 4.1.8 任务总结报告

班级：	姓名：	学号：	完成时间：
任务名称：骨料取样		组长签字：	教师签字：
类别	内容	学生总结	教师点评
知识点	细骨料的定义		
	骨料最小取样量		
	四分法取样		
技能点	正确使用天平		
	正确使用取样器		
	正确控制取样量		
	填写取样单		
反思			

任务 4.2 细骨料筛分试验

4.2.1 细骨料筛分试验操作步骤

1. 检测目的及依据

通过筛分法测定各筛上的筛余量，评定砂的粗细程度和颗粒级配。

细骨料筛分试验依据《建设用砂》(GB/T 14684—2022)进行。

2. 主要仪器设备

细骨料筛分试验所用主要仪器设备，见表 4.2.1。

表 4.2.1 细骨料筛分试验仪器设备

仪器名称	仪器图片
标准方孔筛（孔径为 0.15 mm、0.30 mm、0.60 mm、1.18 mm、2.36 mm、4.75 mm 及 9.50 mm 的筛各一只，并附有筛底和筛盖）	
电动摇筛机	
天平（精确度 1 g）	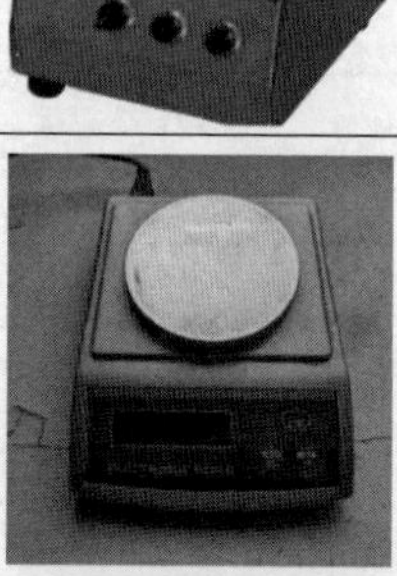
料铲	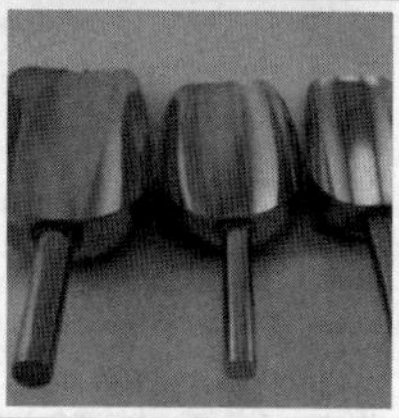

续上表

仪器名称	仪器图片
烘箱	

3.试验步骤

(1)按标准规定方法取样，筛除大于 9.50 mm 的颗粒(并算出其筛余百分率)，将筛下试样缩分至约 1 100 g，放在干燥箱中于 105 ℃±5 ℃下烘干至恒量，待冷却至室温后，分为大致相等的两份备用。

(2)称取试样 500 g，精确至 1 g。将试样倒入按孔径大小从上到下组合的套筛(附筛底和筛盖)上，然后进行筛分。

(3)将套筛置于摇筛机上，摇 10 min 后取下套筛，按筛孔大小顺序再逐个用手筛，筛至每分钟通过量小于试样总量 0.1%为止。通过的试样并入下一号筛中，并和下一号筛中的试样一起过筛，这样按顺序依次进行，直至各号筛全部筛完为止。

(4)称出各号筛的筛余量，精确至 1 g，试样在各号筛上的筛余量不得超过按式(4.2.1)计算出的量。

$$G=\frac{A\times\sqrt{d}}{200} \tag{4.2.1}$$

式中 G——在某一个筛上的筛余量，g；

A——筛的面积，mm^2；

d——筛孔尺寸，mm。

超过时应按下列方法之一处理：

①将该粒级试样分成小于按式(4.2.1)计算出的量，分别筛分，并以筛余量之和作为该号筛的筛余量。

②将该粒级及以下各粒级的筛余量混合均匀，称出其质量，精确至 1 g。再用四分法缩分为大致相等的两份，取其中一份，称出其质量，精确至 1 g，继续筛分。计算该粒级及以下各粒级的分计筛余量时，应根据缩分比例进行修正。

(5)筛分后，如每号筛的筛余量与筛底的剩余量之和同原试样质量之差超过 1%时，需重新试验。

(6)结果计算与评定：

①计算分计筛余百分率

各号筛的筛余量与试样总量之比，计算精确至 0.1%，由 a_1、a_2、a_3、a_4、a_5、a_6表示。

②计算累计筛余百分率

该号筛的分计筛余百分率加上该号筛以上各筛的分计筛余百分率之和，精确至 0.1%，由 A_1、A_2、A_3、A_4、A_5、A_6表示。

分计筛余百分率和累计筛余百分率的关系见表 4.2.2。

表 4.2.2 分计筛余百分率和累计筛余百分率的关系

方筛孔尺寸(mm)	分计筛余(%)	累计筛余(%)
4.75	a_1	$A_1=a_1$
2.36	a_2	$A_2=a_1+a_2$
1.18	a_3	$A_3=a_1+a_2+a_3$
0.60	a_4	$A_4=a_1+a_2+a_3+a_4$
0.30	a_5	$A_5=a_1+a_2+a_3+a_4+a_5$
0.15	a_6	$A_6=a_1+a_2+a_3+a_4+a_5+a_6$

③根据累计筛余百分率绘制筛分曲线,评定砂的颗粒级配是否合格。

④砂的细度模数 M_x 按式(4.2.2)计算(精确至 0.01):

$$M_x=\frac{(A_2+A_3+A_4+A_5+A_6)-5A_1}{100-A_1} \tag{4.2.2}$$

式中 M_x——细度模数;

A_1,A_2,A_3,A_4,A_5,A_6——分别为 4.75 mm、2.36 mm、1.18 mm、0.60 mm、0.30 mm、0.15 mm筛的累计筛余百分率。

细度模数取两次试验结果的算术平均值,精确至 0.1;如两次试验的细度模数之差超过 0.20 时,应重做试验。

4.2.2 细骨料筛分试验相关知识

1. 砂的粗细程度与颗粒级配

筛分试验用以评价砂的粗细程度和颗粒级配。粗细程度是指不同粒径的砂混合在一起总体的粗细程度。粗细程度可用细度模数 M_x 表示,细度模数越大,表示砂越粗。普通混凝用砂的细度模数范围在 0.7~3.7,其中 3.1~3.7 为粗砂,2.3~3.0 为中砂,1.6~2.2 为细砂,0.7~1.5 为特细砂。

颗粒级配是指不同粒径的砂粒相互搭配的比例情况。砂的颗粒级配越好,相互堆积时就越密实,空隙率就越小。配制的混凝土不但可以节约水泥,还能提高混凝土的密实度、强度和耐久性。砂的颗粒级配用级配区或级配曲线表示。

2. 评定砂的颗粒级配

砂的颗粒级配用级配区或级配曲线来判定。累计筛余取两次试验结果的算术平均值,精确至 1%。根据 0.60 mm 筛的累计筛余分为 1 区、2 区、3 区三个级配区,见表 4.2.3。

表 4.2.3 砂的颗粒级配区范围

方筛孔尺寸(mm)	累计筛余(%)					
	天然砂			机制砂、混合砂		
	1 区	2 区	3 区	1 区	2 区	3 区
4.75	10~0	10~0	10~0	5~0	5~0	5~0
2.36	35~5	25~0	15~0	35~5	25~0	15~0
1.18	65~35	50~10	25~0	65~35	50~10	25~0
0.60	85~71	70~41	40~16	85~71	70~41	40~16
0.30	95~80	92~70	85~55	95~80	92~70	85~55
0.15	100~90	100~90	100~90	97~85	94~80	94~75

砂的每一级累计筛余应处于任何一个级配区内。除 4.75 mm 和 0.60 mm 筛外，其他各筛的筛余量允许略有超出，但超出总量应小于 5%，则可判定砂的颗粒级配合格，否则颗粒级配为不合格。

为了更直观地反映砂的颗粒级配，还可以用级配曲线来判定。以天然砂为例，以累计筛余为纵坐标，可以画出砂的三个级配区的筛分曲线，如图 4.2.1 所示。通过观察所画的砂的筛分曲线是否完全落在三个级配区的任一区内，即可判定砂颗粒级配是否合格。

同时，也可以根据筛分曲线的偏向情况，大致判定砂的粗细程度。当筛分曲线偏向右下时，表示砂较粗；筛分曲线偏向左上时，表示砂较细。Ⅰ类砂应该满足 2 区级配范围的要求。

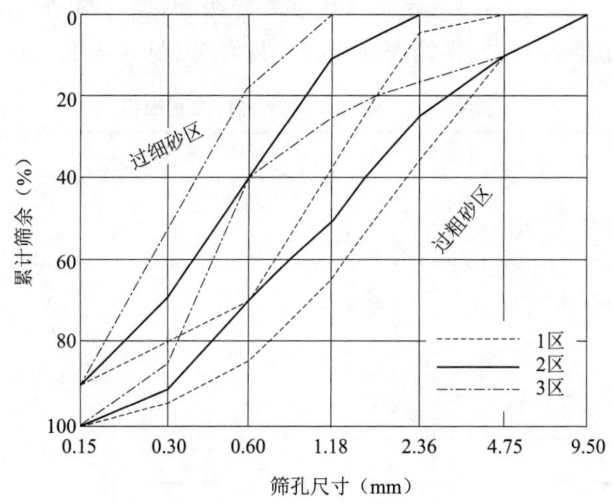

图 4.2.1　筛分曲线

4.2.3　任务测评

1. 素质测评

细骨料筛分试验的素养点，做到即得分，未做到即零分，见表 4.2.4。

表 4.2.4　细骨料筛分素质测评表

序号	素养点	配分	得分
1	仪器、设备及工具安全检查	20	
2	试样不洒落	20	
3	仪器、工具、试验台清洁及整理	20	
4	节约环保意识，试验过程节约原料和能源	20	
5	试验过程合理的时间控制	20	
总分		100	

2. 知识测评

确定本任务关键词，按重要程度进行关键词排序并举例解读。

学生根据对本次任务重要信息捕捉、排序、表达、创新和划分权重能力进行自评，满分100分，见表4.2.5。

表4.2.5 细骨料筛分试验知识测评表

序号	关键词	举例解读	评分
1			
2			
3			
总分			

3. 能力测评

对细骨料进行筛分试验，检测其粗细程度和颗粒级配，填写检测报告，见表4.2.6。本任务所列内容，操作规范即得分，操作错误或未操作即零分，见表4.2.7。

表4.2.6 细骨料筛分试验检测报告

<table>
<tr><td>试样Ⅰ质量(g)</td><td colspan="2"></td><td colspan="2">质量损失率(%)</td><td></td><td colspan="2">试样Ⅱ质量(g)</td><td colspan="2"></td><td>质量损失率(%)</td><td></td></tr>
<tr><td rowspan="2">筛孔尺寸(mm)</td><td colspan="2">筛余质量(g)</td><td colspan="2">分计筛余(%)</td><td colspan="3">累计筛余(%)</td><td colspan="4">细度模数</td></tr>
<tr><td>Ⅰ</td><td>Ⅱ</td><td>Ⅰ</td><td>Ⅱ</td><td>Ⅰ</td><td>Ⅱ</td><td>平均值</td><td>Ⅰ</td><td></td><td>Ⅱ</td><td></td></tr>
<tr><td>4.75</td><td></td><td></td><td></td><td></td><td></td><td></td><td></td><td colspan="2">平均值</td><td colspan="2"></td></tr>
<tr><td>2.36</td><td></td><td></td><td></td><td></td><td></td><td></td><td></td><td colspan="4" rowspan="6">结论：</td></tr>
<tr><td>1.18</td><td></td><td></td><td></td><td></td><td></td><td></td><td></td></tr>
<tr><td>0.60</td><td></td><td></td><td></td><td></td><td></td><td></td><td></td></tr>
<tr><td>0.30</td><td></td><td></td><td></td><td></td><td></td><td></td><td></td></tr>
<tr><td>0.15</td><td></td><td></td><td></td><td></td><td></td><td></td><td></td></tr>
<tr><td>筛底</td><td></td><td></td><td>—</td><td>—</td><td>—</td><td>—</td><td>—</td></tr>
</table>

画出砂的筛分曲线：

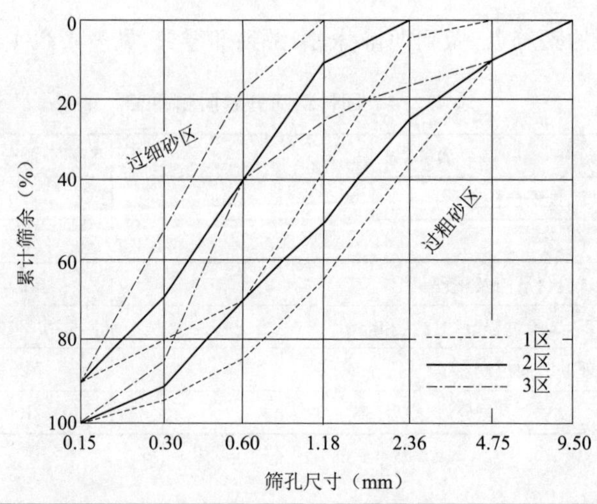

表 4.2.7　细骨料筛分试验能力测评表

序号	技能点	配分	得分
1	称量骨料	10	
2	启动摇筛机	20	
3	筛分过程控制	30	
4	收集筛余物	20	
5	计算及合格性判定	20	
总分		100	

4. 拓展训练

(1)请列举细骨料筛分试验过程中易出现的问题,分析产生问题的原因,并制定解决措施。

(2)总结筛分过程控制的注意事项。

(3)某砂样 500 g,经筛分试验,各筛上的筛余量见表 4.2.8,试评定砂的粗细程度与颗粒级配。

表 4.2.8　砂的筛分试验结果

筛孔尺寸(mm)	4.75	2.36	1.18	0.6	0.3	0.15	<0.15
筛余量(g)	20	80	100	100	75	85	40
分计筛余(%)							
累计筛余(%)							

4.2.4　任务总结与反思

完成任务总结报告,见表 4.2.9。

表 4.2.9　任务总结报告

<table>
<tr><td>班级:</td><td>姓名:</td><td>学号:</td><td>完成时间:</td></tr>
<tr><td colspan="2">任务名称:细骨料筛分试验</td><td>组长签字:</td><td>教师签字:</td></tr>
<tr><td>类别</td><td>内容</td><td>学生总结</td><td>教师点评</td></tr>
<tr><td rowspan="3">知识点</td><td>筛分指标</td><td></td><td></td></tr>
<tr><td>筛分的影响</td><td></td><td></td></tr>
<tr><td>筛分合格性判定</td><td></td><td></td></tr>
<tr><td rowspan="5">技能点</td><td>正确使用天平</td><td></td><td></td></tr>
<tr><td>正确使用摇筛机</td><td></td><td></td></tr>
<tr><td>筛分过程控制</td><td></td><td></td></tr>
<tr><td>收集筛余物</td><td></td><td></td></tr>
<tr><td>数据整理</td><td></td><td></td></tr>
<tr><td>反思</td><td colspan="3"></td></tr>
</table>

任务 4.3 细骨料表观密度试验

4.3.1 细骨料表观密度试验步骤

1. 检测目的及依据

通过细骨料表观密度的测定，用以计算混凝土拌和物细骨料的用量。

细骨料表观密度的测定依据《建设用砂》(GB/T 14684—2022)进行。

2. 主要仪器设备

细骨料表观密度试验的主要仪器设备见表 4.3.1。

表 4.3.1 细骨料表观密度试验仪器设备

仪器名称	仪器图片
烘箱	
天平(精确度 0.1 g)	
容量瓶(规格 500 mL)	
干燥器	
搪瓷盘	

续上表

仪器名称	仪器图片
毛刷	

3. 细骨料表观密度试验步骤

(1)按标准规定方法取样，并将试样缩分至约 660 g，放在烘箱中于 105 ℃±5 ℃下烘干至恒量，待冷却至室温后，分为大致相等的两份备用。

(2)称取试样 300 g，精确至 0.1 g。先加入少量水，再将试样装入容量瓶(防止砂粒冲击瓶底)，注入冷开水至接近 500 mL 的刻度处，用手旋转摇动容量瓶，使砂样充分摇动，排除气泡，塞紧瓶盖，静置 24 h。然后用滴管小心加水至容量瓶 500 mL 刻度处，塞紧瓶塞，擦干瓶外水分，称出其质量，精确至 1 g。

(3)倒出瓶内水和试样，洗净容量瓶，再向容量瓶内注水[应与上述(2)的水温相差不超过 2 ℃，并在 15～25 ℃范围内]至 500 mL 刻度处，塞紧瓶塞，擦干瓶外水分，称出其质量，精确至 1 g。

(4)结果计算与评定：

①砂的表观密度按式(4.3.1)计算(精确至 10 kg/m³)：

$$\rho_0=\left(\frac{m_0}{m_0+m_2-m_1}-\alpha_t\right)\times\rho_{水} \tag{4.3.1}$$

式中 ρ_0——表观密度，kg/m³；

$\rho_{水}$——水的密度，取 1 000 kg/m³；

m_0——烘干试样的质量，g；

m_1——试样、水及容量瓶的总质量，g；

m_2——水及容量瓶的总质量，g；

α_t——水温对表观密度影响的修正系数，见表 4.3.2。

表 4.3.2 水温对砂的表观密度影响的修正系数

水温(℃)	15	16	17	18	19	20	21	22	23	24	25
α_t	0.002	0.003	0.003	0.004	0.004	0.005	0.005	0.006	0.006	0.007	0.008

②表观密度取两次试验结果的算术平均值，精确至 10 kg/m³；如两次试验结果之差大于 20 kg/m³，应重做试验。

4.3.2 细骨料表观密度相关知识

(1)密度

密度是指材料在绝对密实状态下单位体积的质量，按式(4.3.2)计算：

$$\rho=\frac{m_0}{V} \tag{4.3.2}$$

式中 ρ——材料的密度，g/cm³；

V——材料在绝对密实状态下的体积，cm^3。

除了钢材、玻璃等少数材料外，绝大多数材料内部都有一些孔隙。在测定有孔隙材料（如砖、石等）的密度时，应把材料磨成细粉，干燥后用李氏瓶测定其绝对密实体积。材料磨得越细，测得的密实体积数值就越精确。另外，工程上还经常用到相对密度，是指材料的密度与 4 ℃纯水密度之比。

(2)表观密度

表观密度是指单位表观体积材料干燥状态下的质量。表观体积包括材料实体及闭口孔隙体积两部分。表观密度按式(4.3.3)计算：

$$\rho_0=\frac{m_0}{V_0} \tag{4.3.3}$$

式中 V_0——材料在包含闭口孔隙条件下的体积(即只含内部闭口孔，不含开口孔)，cm^3或 m^3。

式中 ρ_0 单位可取 g/cm^3 或 kg/m^3，m_0 单位可取 g 或 kg。

通常对于一些散状材料，如砂、石子等，可直接采用排液置换法或水中称重法测其体积，该体积含材料实体和内部的闭口孔隙。

(3)体积密度

体积密度是指材料在自然状态下单位体积(包括材料实体及其开口孔隙、闭口孔隙)的质量。按式(4.3.4)计算：

$$\rho'=\frac{m'}{V'} \tag{4.3.4}$$

式中 ρ'——材料的体积密度，g/cm^3 或 kg/m^3；

m'——材料自然状态下的气干质量，即将试件置于通风良好的室内存放 7 d 后测得的质量，g 或 kg；

V'——材料的自然状态下的体积，包括材料实体及内部孔隙(开口孔隙和闭口孔隙)，cm^3或 m^3。

对于规则形状的材料，可用量具测得。例如加气混凝土砌块的体积是逐块量取长、宽、高三个方向的轴线尺寸，计算其体积。对于不规则形状的材料的体积，可用排液法或封蜡排液法测得。

4.3.3 任务测评

1. 素质测评

细骨料表观密度测定的素养点，做到即得分，未做到即零分，见表 4.3.3。

表 4.3.3 细骨表观密度检测素质测评表

序号	素养点	配分	得分
1	安全意识，试验时做好安全防护	20	
2	仪器、设备及工具安全检查	20	
3	仪器、工具、试验台清洁及整理	20	
4	节约环保意识，试验过程节约原料和能源	20	
5	试验过程合理的时间控制	20	
总分		100	

2. 知识测评

确定本任务关键词，按重要程度进行关键词排序并举例解读。

学生根据对本次任务重要信息捕捉、排序、表达、创新和划分权重能力进行自评，满分100分，见表4.3.4。

表4.3.4　细骨料表观密度检测知识测评表

序号	关键词	举例解读	评分
1			
2			
3			
总分			

3. 能力测评

检测细骨料表观密度，填写试验报告，见表4.3.5。本任务所列内容，操作规范即得分，操作错误或未操作即零分，见表4.3.6。

表4.3.5　细骨料表观密度试验报告

试验次数	试样质量 m_0(g)	瓶＋水＋试样质量 m_1(g)	瓶＋水质量 m_2(g)	水温(℃)	修正系数 (α_t)	表观密度 ρ_0(10 kg/m³)	
						$\rho_0=\left(\frac{m_0}{m_0+m_2-m_1}-\alpha_t\right)\times 1\ 000$	计算值
1							
2							

表4.3.6　细骨料表观密度检测能力测评表

序号	技能点	配分	得分
1	称量细骨料	10	
2	使用滴管	20	
3	使用容量瓶	30	
4	容量瓶的清洗	20	
5	计算	20	
总分		100	

4. 拓展训练

(1)请列举细骨料表观密度检测过程中易出现的问题，分析产生问题的原因，并制定解决措施。

(2)总结细骨料表观密度检测过程控制的注意事项。

(3)某施工项目部有砂样堆，现选取样品测定其表观密度，简述测定过程。

4.3.4　任务总结与反思

完成任务总结报告，见表4.3.7。

表 4.3.7 任务总结报告

班级：	姓名：	学号：	完成时间：
任务名称：细骨料表观密度检测		组长签字：	教师签字：
类别	内容	学生总结	教师点评
知识点	表观密度指标		
	检测过程的影响		
	合格性判定		
技能点	正确使用天平		
	正确使用容量瓶		
	正确控制恒温时间		
	掌握试验原理		
	数据整理		
反思			

任务 4.4 粗骨料针、片状颗粒含量检测

4.4.1 粗骨料针、片状颗粒含量检测步骤

1. 检测目的及依据

通过粗骨料针、片状颗粒含量检测，用以检测骨料中的有害组分。

粗骨料针、片状颗粒含量检测依据《建设用卵石、碎石》(GB/T 14685—2022)进行。

2. 主要仪器设备

粗骨料针、片状颗粒含量检测的主要仪器设备，见表 4.4.1。

表 4.4.1 粗骨料针、片状颗粒含量检测仪器设备

仪器名称	仪器图片
天平(精确度 1 g)	
针、片状规准仪	

续上表

仪器名称	仪器图片
标准方孔筛(孔径为 4.75 mm、9.50 mm、16.0 mm、19.0 mm、26.5 mm、31.5 mm、37.5 mm 的筛各一只)	

3. 粗骨料针、片状颗粒含量检测步骤

(1)按标准规定方法取样,并将试样缩分至不小于规定的质量,见表 4.4.2,烘干或烘干后备用。

表 4.4.2 针、片状颗粒含量所需最少试样质量

最大粒径(mm)	9.5	16.0	19.0	26.5	31.5	≥37.5
最少试样质量(kg)	0.3	1.0	2.0	3.0	5.0	10.0

(2)根据试样的最大粒径,按规定称取试样,见表 4.4.2,按标准规定进行筛分,将试样分成不同粒级。

(3)按规定的粒级分别用规准仪逐粒检验,见表 4.4.3。最大一维尺寸大于针状规准仪上相应间距者,为针状颗粒;最小一维尺寸小于片状规准仪上相应孔宽者,为片状颗粒。

表 4.4.3 针、片状颗粒含量试验的颗粒粒级划分及其相应的规准仪孔宽或间距

石子粒级(mm)	4.75~9.50	9.50~16.0	16.0~19.0	19.0~26.5	26.5~31.5	31.5~37.5
片状规准仪相对应孔宽(mm)	2.8	5.1	7.0	9.1	11.6	13.8
针状规准仪相对应间距(mm)	17.1	30.6	42.0	54.6	69.6	82.8

(4)对粒径大于 37.5 mm 的石子可用游标卡尺逐粒检验,卡尺卡口的设定宽度应符合规定,见表 4.4.4。最大一维尺寸大于针状卡口相应宽度者,为针状颗粒;最小一维尺寸小于片状卡口相应宽度者,为片状颗粒。

表 4.4.4 大于 37.5 mm 的颗粒针、片状颗粒含量粒级划分及其相应的卡尺卡口设定宽度

石子粒级(mm)	37.5~53.0	53.0~63.0	63.0~75.0	75.0~90.0
检验片状颗粒的卡尺卡口设定宽度(mm)	18.1	23.2	27.6	33.0
检验针状颗粒的卡尺卡口设定宽度(mm)	108.6	139.2	165.6	198.0

(5)称量检出的针、片状颗粒总质量。

(6)结果计算与评定:

针、片状颗粒含量按式(4.4.1)计算(精确至0.1%):

$$Q_c=\frac{m_2}{m_1}\times100\% \tag{4.4.1}$$

式中 Q_c——针、片状颗粒含量;

m_1——试样质量,g;

m_2——试样中所含针、片状颗粒的总质量,g。

4.4.2 粗骨料针、片状颗粒含量相关知识

对于水泥混凝土的粗骨料,针状颗粒是指颗粒最大一维尺寸大于该颗粒所属粒级平均粒径的2.4倍的颗粒,片状颗粒是指颗粒最小一维尺寸小于该颗粒所属粒级的0.4倍的颗粒。针、片状颗粒易折断,相互堆积的空隙率大,且颗粒之间的摩擦力大,其含量多时,会使得混凝土拌和物的流动性变差,强度降低。卵石和碎石的针、片状含量应符合规定,见表4.4.5。

表4.4.5 针、片状颗粒含量

类别	Ⅰ类	Ⅱ类	Ⅲ类
针、片状颗粒(按质量计,%)	≤5	≤8	≤15

4.4.3 任务测评

1.素质测评

粗骨料针、片状颗粒含量的素养点,做到即得分,未做到即零分,见表4.4.6。

表4.4.6 粗骨料针、片状颗粒含量试验素质测评表

序号	素养点	配分	得分
1	小组团队合作意识	20	
2	仪器、设备及工具安全检查	20	
3	仪器、工具、试验台清洁及整理	20	
4	节约环保意识,试验过程节约原料和能源	20	
5	试验过程合理的时间控制	20	
总分		100	

2.知识测评

确定本任务关键词,按重要程度进行关键词排序并举例解读。

学生根据对本次任务重要信息捕捉、排序、表达、创新和划分权重能力进行自评,满分100分,见表4.4.7。

表 4.4.7　粗骨料针、片状颗粒含量试验知识测评表

序号	关键词	举例解读	评分
1			
2			
3			
总分			

3. 能力测评

检测粗骨料针、片状颗粒含量，填写试验报告，见表 4.4.8。本任务所列内容，操作规范即得分，操作错误或未操作即零分，见表 4.4.9。

表 4.4.8　粗骨料针、片状含量试验报告

试验次数	烘干试样质量 m_1(g)	针、片状颗粒总质量 m_2(g)	针、片状颗粒含量 Q_c(%)
			$Q_c=\frac{m_2}{m_1}\times100\%$
1			

表 4.4.9　粗骨料针、片状颗粒含量试验能力测评表

序号	技能点	配分	得分
1	称量粗骨料	10	
2	使用规准仪	20	
3	选取卡尺卡口宽度	30	
4	仪器整理干净	20	
5	计算	20	
总分		100	

4. 拓展训练

(1)请列举粗骨料针、片状颗粒含量试验过程中易出现的问题，分析产生问题的原因，并制定解决措施。

(2)总结粗骨料针、片状颗粒含量试验过程控制的注意事项。

(3)请绘制思维导图，按照学习目标三要素，对粗骨料针、片状颗粒含量试验的学习收获进行总结。

(4)通过试验检测粗骨料针、片状颗粒含量指标是否符合要求，为粗骨料质量把关。

4.4.4　任务总结与反思

完成任务总结报告，见表 4.4.10。

表 4.4.10 任务总结报告

班级：	姓名：	学号：	完成时间：
任务名称：粗骨料针、片状颗粒含量检测		组长签字：	教师签字：
类别	内容	学生总结	教师点评
知识点	针、片状颗粒指标		
	检测过程的影响		
	合格性判定		
技能点	正确使用天平		
	正确使用规准仪		
	正确设置卡尺卡口宽度		
	数据整理		
反思			

任务 4.5 粗骨料强度检测

4.5.1 粗骨料强度检测步骤

1. 检测目的及依据

通过粗骨料强度检测，测试其各项技术指标是否符合国家标准要求，以保证混凝土结构满足设计要求。

粗骨料强度检测依据《建设用卵石、碎石》(GB/T 14685—2022)进行。

2. 主要仪器设备

粗骨料强度检测主要仪器设备，见表 4.5.1。

表 4.5.1 粗骨料强度检测仪器设备

仪器名称	仪器图片
压力试验机(量程不低于 1 000 kN)	

续上表

仪器名称	仪器图片
岩石切割机	
岩石磨光机	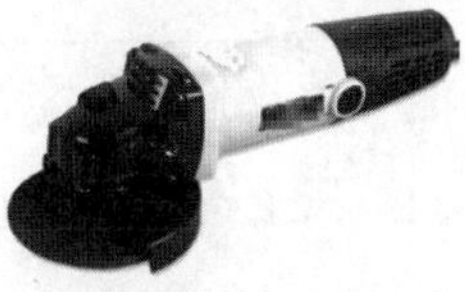
游标卡尺	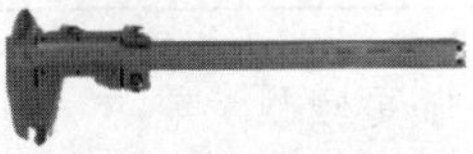
角尺	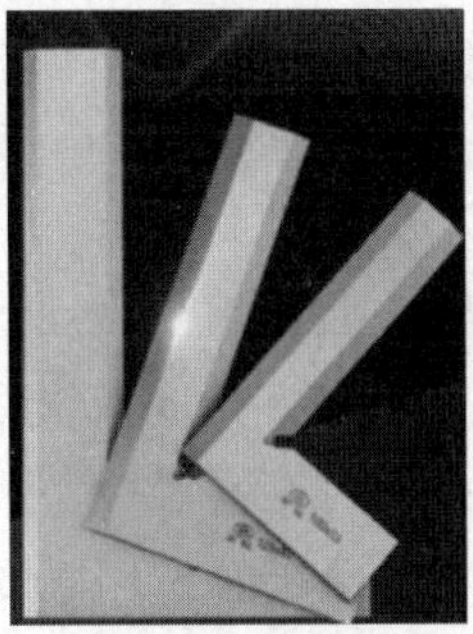
天平(精确度 1 g)	
压碎值测定仪	

续上表

仪器名称	仪器图片
标准方孔筛(孔径为 2.36 mm、9.50 mm、19.0 mm 的筛各一只)	
垫棒(直径 10 mm、长 500 mm 的圆钢)	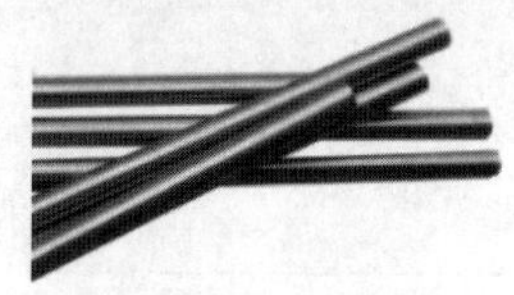

3. 粗骨料强度检测步骤

(1)岩石立方体抗压强度检测方法:

制作试件:用岩石切割机制作 50 mm×50 mm×50 mm 的立方体试件,或用钻心取样机和切割机制作 ϕ50 mm×50 mm 的圆柱体试件(水泥技术指标仲裁时以 ϕ50 mm×50 mm 的圆柱体试件的抗压强度为准)。试件与压力机压头接触的两个面要用磨光机磨光并保持平行,六个试件为一组。对有明显层理的岩石,应制作两组,一组保持层理与受力方向平行,另一组保持层理与受力方向垂直,分别测试。

(2)用游标卡尺测定试件尺寸,精确至 0.1 mm,并计算顶面和底面的面积。取顶面和底面的算术平均值作为计算抗压强度所用的截面积,将试件浸泡于水中 48 h±2 h。

(3)从水中取出试件,擦干表面,放在压力机上进行强度试验,加荷速度为 0.5~1.0 MPa/s。

(4)结果计算与评定:

①试件抗压强度按式(4.5.1)计算(精确至 0.1 MPa):

$$R=\frac{F}{A} \tag{4.5.1}$$

式中 R——抗压强度,MPa;

F——破坏载荷,N;

A——试件的截面积,mm^2。

②岩石的抗压强度取 6 个试件试验结果的算术平均值,并给出最小值,精确至 1 MPa。对有明显层理的岩石,应分别给出受力方向平行于层理的抗压强度和受力方向垂直于层理的抗压强度。

(5)压碎指标值法检测步骤：

①按规定方法取样，风干或烘干后筛除大于 19.0 mm 及小于 9.50 mm 的颗粒，平均分为 3 份备用，每份约 3 000 g。

②取一份试样，将试样分两层装入圆模(置于底盘上)内。每装完一层试样后，在底盘下面放置垫棒，将筒按住，左右交替颠击地面各 25 次，两层颠实后，整平模内试样表面，盖上压头。当圆模装不下 3 000 g 试样时，以装至距圆模上口 10 mm 为准。

③把装有试样的圆模置于压力机上，开动压力试验机，按 1 kN/s 的速度均匀加荷至 200 kN，并稳荷 5 s，然后卸荷。取下加压头，倒出试样，并称其质量；用孔径 2.36 mm 的筛筛除被压碎的细粒，称出留在筛上的试样质量，精确至 1 g。

(6)结果计算与评定：

①压碎指标值按式(4.5.2)计算(精确至 0.1%)：

$$Q_e=\frac{G_1-G_2}{G_1}\times 100\% \tag{4.5.2}$$

式中　Q_e——压碎指标值，%；

G_1——试样的质量，g；

G_2——压碎试验后筛余的试样质量，g。

②压碎指标值取 3 次试验结果的算术平均值，精确至 1%。

4.5.2　粗骨料强度检测相关知识

石子作为混凝土的骨料，其强度的高低对混凝土的影响是至关重要的，卵石、碎石的强度可采用岩石立方体抗压强度和压碎值指标两种方法进行检验。当可以找到石子的母岩时，可直接测定其立方体抗压强度，当找不到石子的母岩时，可通过测定压碎指标来间接评定石子的强度。

(1)岩石立方体抗压强度

将碎石的母岩制成直径与高均为 50 mm 的圆柱体试件或边长为 50 mm 的立方体试件，在吸水饱和状态下，测定其极限抗压强度值。根据《建设用卵石、碎石》(GB/T 14685—2022)标准规定：在水饱和状态下，岩石立方体抗压强度岩浆岩不小于 80 MPa，变质岩不小于60 MPa，沉积岩不小于 45 MPa。

(2)压碎指标

压碎指标表示石子抵抗压碎的能力，以间接地推测其相应的强度，其值越小，说明强度越高。粗骨料的压碎指标应满足规定要求，见表 4.5.2。

表 4.5.2　粗骨料压碎指标的限值

项目	指标		
	Ⅰ类	Ⅱ类	Ⅲ类
碎石压碎指标(%)	≤10	≤20	≤30
卵石压碎指标(%)	≤12	≤14	≤16

4.5.3 任务测评

1. 素质测评

粗骨料强度检测的素养点，做到即得分，未做到即零分，见表 4.5.3。

表 4.5.3 粗骨料强度检测素质测评表

序号	素养点	配分	得分
1	安全意识	20	
2	仪器、设备及工具安全检查	20	
3	仪器、工具、试验台清洁及整理	20	
4	节约环保意识，试验过程节约原料和能源	20	
5	试验过程合理的时间控制	20	
总分		100	

2. 知识测评

确定本任务关键词，按重要程度进行关键词排序并举例解读。

学生根据对本次任务重要信息捕捉、排序、表达、创新和划分权重能力进行自评，满分 100 分，见表 4.5.4。

表 4.5.4 粗骨料强度检测知识测评表

序号	关键词	举例解读	评分
1			
2			
3			
总分			

3. 能力测评

对粗骨料进行强度检测，完成试验报告，见表 4.5.5 和表 4.5.6。本任务所列内容，操作规范即得分，操作错误或未操作即零分，见表 4.5.7。

表 4.5.5 岩石的抗压强度试验报告

试件编号	试件的截面积(mm^2)	破坏载荷(N)	抗压强度(MPa)	
			单值	计算值
1				
2				
3				
4				
5				
6				

表 4.5.6　粗骨料压碎指标的试验报告

试验次数	试样质量 G_1(g)	压碎试验后筛余的试样质量 G_2(g)	针、片状颗粒含量 Q_e(%)	
			单值	计算值
1				
2				
3				

表 4.5.7　粗骨料强度检测能力测评表

序号	技能点	配分	得分
1	称量粗骨料	10	
2	使用游标卡尺	20	
3	使用压力试验机	30	
4	仪器整理干净	20	
5	计算	20	
总分		100	

4. 拓展训练

(1)请列举粗骨料强度检测过程中易出现的问题,分析产生问题的原因,并制定解决措施。

(2)总结粗骨料强度检测过程控制的注意事项。

(3)某施工项目部有碎石样堆,现选取样品测定其强度。

(4)请绘制思维导图,按照学习目标三要素,对粗骨料强度检测的学习收获进行总结。

4.5.4　任务总结与反思

完成任务总结报告,见表 4.5.8。

表 4.5.8　任务总结报告

班级:	姓名:	学号:	完成时间:
任务名称:粗骨料强度检测		组长签字:	教师签字:
类别	内容	学生总结	教师点评
知识点	岩石立方体抗压强度		
	压碎指标		
	合格性判定		
技能点	正确选取试样		
	正确使用游标卡尺		
	正确使用压力试验机		
	数据整理		
反思			

项目5

混凝土检测

项目描述

对普通混凝土的相关技术指标进行检测。

项目要求

对普通混凝土技术指标进行检测，检测仪器、检测方法、检测步骤等需严格遵循国家标准及行业规范。同时做好安全防护，正确使用仪器和工具，完成混凝土拌和物的试验室制备与取样，混凝土拌和物和易性、凝结时间、硬化混凝土的强度、混凝土的抗冻性、抗水渗透性能的检测以及配合比设计等任务。

学习目标

1. 素质目标

(1)具有正确的世界观、人生观、价值观，具有深厚的爱国情感和中华民族自豪感；

(2)具有良好的职业道德和职业素养，诚实守信、爱岗敬业；

(3)具有以目标为导向的集体意识和团队合作精神，能够进行有效的人际沟通和协作，能够与小组成员团结合作完成任务；

(4)具有安全意识和创新精神。

2. 知识目标

(1)掌握混凝土的组成材料及性能特点；

(2)掌握混凝土拌和物和易性的测定方法，并完成检测报告；

(3)掌握混凝土强度的测定方法，并完成检测报告；

(4)掌握普通混凝土的配合比设计方法，并完成设计报告。

3. 能力目标

(1)具有完成混凝土拌和物和易性测定并出具检测报告的能力；

(2)具有完成混凝土强度测定并出具检测报告的能力；

(3)具有完成普通混凝土的配合比设计并出具设计报告的能力。

(1)学习载体

按标准制备混凝土拌和物,并学习现场取样方法。

(2)相关标准

《混凝土质量控制标准》(GB 50164—2011);

《普通混凝土拌合物性能试验方法标准》(GB/T 50080—2016);

《混凝土物理力学性能试验方法标准》(GB/T 50081—2019);

《混凝土强度检验评定标准》(GB/T 50107—2010);

《普通混凝土配合比设计规程》(JGJ 55—2011)。

(3)案例引入

某建设项目混凝土拌和站生产一批混凝土(强度等级C30,坍落度130～150 mm),请根据要求设计该混凝土的配合比,在试验室进行混凝土的制备,根据项目建设工程施工质量验收标准规定,对混凝土的和易性、表观密度、强度等指标进行检测,判定是否合格。

绿色建筑材料

所谓绿色建材,又称生态建材、环保建材等,其本质内涵是相通的,即采用清洁生产技术,少用天然资源和能源,大量使用工农业或城市废弃物,生产过程无毒害、无污染,到达生命周期后可回收再利用,有利于环境保护和人类健康的建筑材料。

绿色材料一般具有以下特征:满足建筑设计的力学性能、使用功能和寿命要求。在生产、使用过程中具有最小的环境负荷影响,寿命终结时可实现再生循环利用,对自然环境友好,并符合可持续发展原则。能够满足对人类健康无伤害原则,甚至具有有利于提高人类生活质量水平的功能特性。

在当前的科学技术和社会生产力条件下,已经可以利用各类工业废渣生产水泥、砌块、装饰砖和装饰混凝土等,利用废弃的泡沫塑料生产保温墙体材料,利用无机抗菌剂生产各种抗菌涂料和建筑陶瓷等各种新型绿色功能建筑材料。

任务5.1　混凝土拌和物和易性测定

5.1.1　混凝土制备

1.试验室拌制

混凝土拌和物在试验室制备的方法依据《普通混凝土拌合物性能试验方法标准》(GB/T 50080—2016)。

1)一般规定

(1)试验环境相对湿度不宜小于50%,温度应保持在20 ℃±5 ℃;所用材料、试验设备、容器及辅助设备的温度宜与试验室温度保持一致。

(2)制作混凝土拌和物性能试验用试样时,所采用的搅拌机应符合现行行业标准《混凝土试验用搅拌机》(JG/T 244—2009)的规定,试验设备使用前应经过校准。

(3)试验室制备混凝土拌和物的搅拌应符合下列规定:

①混凝土拌和物应采用搅拌机搅拌,搅拌前应将搅拌机冲洗干净,并预拌少量同种混凝土拌和物或水胶比相同的砂浆,搅拌机内壁挂浆后将剩余料卸出。

②称好的粗骨料、胶凝材料、细骨料和水应依次加入搅拌机,难溶和不溶的粉状外加剂宜与胶凝材料同时加入搅拌机,液体和可溶外加剂宜与拌和水同时加入搅拌机。

③混凝土拌和物宜搅拌 2 min 以上,直至搅拌均匀。

④混凝土拌和物一次搅拌量不宜少于搅拌机公称容量的 1/4,不大于搅拌机公称容量,且不应少于 20 L。

(4)试验室拌制混凝土时,材料用量应以质量计。称量精确度:骨料为±0.5%;水、水泥、掺合料、外加剂均为±0.2%。

2)仪器设备

混凝土制备主要仪器设备见表 5.1.1。

表 5.1.1 混凝土拌和物制备仪器设备

仪器名称	仪器图片
混凝土搅拌机	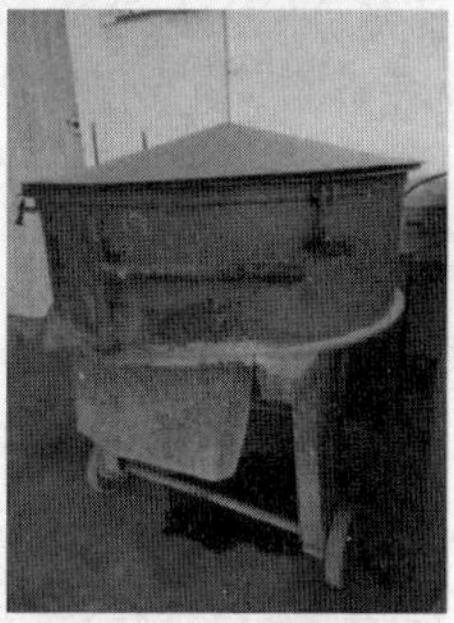
磅秤(量程 50 kg,精确度 50 g)	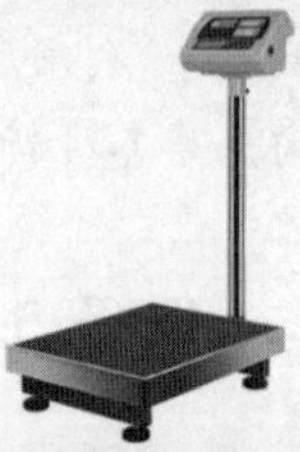
天平(精确度 0.1 g)	

续上表

仪器名称	仪器图片
盛器(料盘、塑料盆或桶)	
拌板(1.5 m×2 m 左右)	
铁铲	
抹刀	

3)拌和方法

(1)人工拌和

①按所定配合比称取原材料,若骨料含水则应在用水量中扣除,并相应增加其各种材料的用量。

②将拌板和拌铲用湿布润湿后,将砂倒在拌板上,然后加入水泥,翻拌直至颜色混合均匀,加入石子,再翻拌至混合均匀为止。

③将干混合料堆成堆,在中间作一凹槽,将已称量好的水,倒入一半左右在凹槽中(勿使水流出),然后仔细翻拌,并徐徐加入剩余的水,继续翻拌,每翻拌一次,用铲在混合料上铲切一次,直到拌和均匀为止。拌和时力求动作敏捷,尽快拌和均匀。

④拌好后,根据试验要求,立即做坍落度测定或试件成型。从开始加水时算起,全部操作须在 30 min 内完成。

⑤将用过的工具清洗干净,清理现场。

(2)机械搅拌

①按所定配合比称取原材料,若骨料含水则应在用水量中扣除,并相应增加其各种材料的用量。

②用按配合比的水泥、砂和水组成的砂浆及少量石子,在搅拌机中进行预润湿,以免正式拌和时影响拌和物的配合比。

③开动搅拌机,向搅拌机内依次加入石子、砂和水泥,干拌均匀,再将水徐徐加入,全部加料时间不超过 2 min,水全部加入后,继续拌和 2 min。

④将拌和物自搅拌机卸出,倾倒在拌板上再经人工拌和 1~2 min,即可做坍落度测定或试件成型。从开始加水时算起,全部操作必须在 30 min 内完成全部操作。

⑤清洗工具和搅拌机,清理现场。

2. 施工现场取样

依据《普通混凝土拌合物性能试验方法标准》(GB/T 50080—2016)规定,施工现场混凝土的取样应符合下述规定:

(1)同一组混凝土拌和物的取样,应从同一盘混凝土或同一车混凝土中取样。取样量应多于试验所需量的 1.5 倍,且不宜小于 20 L。

(2)混凝土拌和物的取样应具有代表性,宜采用多次采样的方法。一般宜在同一盘混凝土或同一车混凝土中的 1/4 处、1/2 处和 3/4 处分别取样,并搅拌均匀;第一次取样和最后一次取样的时间间隔不宜超过 15 min。

(3)一般宜在取样后 5 min 内开始各项性能试验。

5.1.2 和易性测定

1. 坍落度试验

坍落度法是迄今为止历史最悠久也是使用最广泛地测试方法,根据坍落度的大小可将混凝土拌和物分成四级,分别为大流动性混凝土、流动性混凝土、塑性混凝土、低塑性混凝土。

本方法适用于坍落度值不小于 10 mm,骨料最大粒径不大于 40 mm 的混凝土拌和物,测定时需拌制拌和物不宜小于 20 L。

1)仪器设备

坍落度试验主要仪器设备见表 5.1.2。

表 5.1.2 坍落度试验仪器设备

仪器名称	仪器图片
坍落度筒(底部内径 200 mm±1 mm,顶部内径 100 mm±1 mm,高度 300 mm±1 mm)	

续上表

仪器名称	仪器图片
捣棒(直径 16 mm±0.2 mm、长 600 mm±5 mm 的钢棒,端部磨成圆球形)	
铁铲	
钢尺	
抹刀	

2)试验步骤

(1)每次测定前,用湿布将拌板及坍落度筒内外擦净、润湿,并将筒顶部加上漏斗,放在拌板上,用双脚踩紧踏板,使其位置固定。

(2)用小铲将拌好的拌和物分三层均匀装入筒内,每层装入高度在插捣后大致应为筒高的 1/3。顶层装料时,应使拌和物高出筒顶。插捣过程中,如试样沉落到低于筒口,则应随时添加,以便自始至终保持高于筒顶。每装一层分别用捣棒插捣 25 次,插捣应在全部面积上进行,沿螺旋线由边缘渐向中心。插捣筒边混凝土时,捣棒应稍有倾斜,然后垂直插捣中心部分。底层插捣应穿透整个深度,插捣其他两层时,应垂直插捣至下层表面为止。

(3)插捣完毕即卸下漏斗,将多余的拌和物刮去,使与筒顶面齐平,筒周围拌板上的拌和物必须刮净、清除。

(4)将坍落度筒小心平稳地垂直向上提起,不得歪斜,提离过程 3～7 s 内完成,将筒轻轻放在拌和物试体一旁,量出坍落后拌和物试体最高点与筒高的距离(以 mm 为单位计,读数精确至 5 mm),即为拌和物的坍落度(图 5.1.1)。

(5)从开始装料到提起坍落度筒的整个过程应连续进行,并在 150 s 内完成。

(6)坍落度筒提离后,如试件发生崩塌或一边剪坏现象,则应重新取样进行测定。如第二次仍出现这种现象,则表示该拌和物和易性不好,应予记录备查。

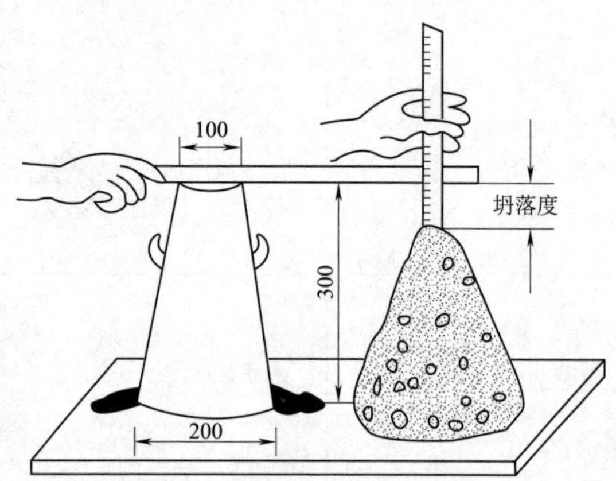

图 5.1.1　坍落度试验(单位:mm)

(7)测定坍落度后,观察拌和物的下述性质,并记录:

①黏聚性。用捣棒在已坍落的拌和物锥体侧面轻轻敲打,如果锥体逐渐下沉,表示黏聚性良好;如果突然倒塌,部分崩裂或石子离析,即为黏聚性不好的表现。

②保水性。提起坍落度筒后如有较多的稀浆从底部析出,锥体部分的拌和物也因失浆而骨料外露,则表明保水性不好。如无稀浆或仅有少量稀浆自底部析出,则表明混凝土拌和物保水性良好。

(8)当混凝土拌和物的坍落度大于 160 mm 时,用钢尺测量混凝土扩展后最终的最大直径以及与最大直径呈垂直方向的直径,在这两个直径之差小于 50 mm 的条件下,用其算术平均值作为坍落扩展度值;否则,此次试验无效。如果发现粗骨料在中央集堆或边缘有水泥浆析出,表示此混凝土拌和物抗离析性不好,应予记录。

2. 维勃稠度试验

对于干硬性的混凝土(如水泥混凝土路面),坍落度法已不再适用,和易性测定常采用维勃稠度试验。基本原理是靠机械振动使混凝土锥体产生流动,测试达到一定指标时所需要的时间。可根据维勃稠度的大小可将混凝土拌和物分成 4 级,分别为超干硬性混凝土、特干硬性混凝土、干硬性混凝土、半干硬性混凝土。

此法适用于骨料最大粒径不超过 40 mm、维勃稠度在 5～30 s 的混凝土拌和物稠度测定，测定时需配制拌和物不少于 15 L。

1)仪器设备

(1)维勃稠度仪(图 5.1.2)：

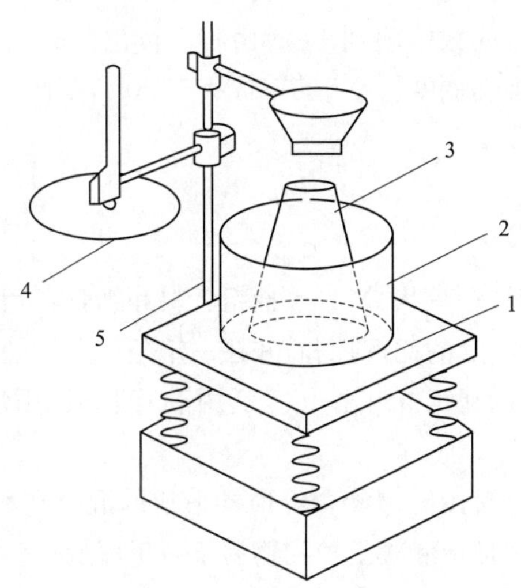

1—振动台；2—容器；3—坍落度筒；4—透明圆盘；5—旋转架。

图 5.1.2 维勃稠度仪

①振动台：台面长 380 mm、宽 260 mm，支承在四个减振器上，振动频率 50 Hz±3 Hz，空容器时台面的振幅为 0.5 mm±0.1 mm。

②容器：用钢板制成，内径为 240 mm±3 mm，高为 200 mm±2 mm，筒壁厚 3 mm，筒底厚 7.5 mm。

③坍落度筒：尺寸同标准圆锥坍落度筒，但应去掉两侧的脚踏板。

④旋转架：连接测杆及喂料漏斗。测杆下端安装透明而水平的透明圆盘，并用螺钉将测杆固定。就位后，测杆或漏斗的轴线应和容器的轴线重合。透明圆盘直径为 230 mm±2 mm，厚度为 10 mm±2 mm。

(2)其他：捣棒、小铲、秒表(精确度 0.5 s)。

2)试验步骤

(1)把维勃稠度仪放置在坚实水平的基面上，用湿布把容器、坍落度筒、喂料斗内壁及其他用具擦湿。

(2)将喂料漏斗提到坍落度筒的上方扣紧，校正容器位置，使其中心与喂料斗中心重合，然后拧紧螺钉。

(3)把混凝土拌和物经喂料漏斗分层装入坍落度筒，装料及插捣的方法同坍落度测定中的规定。

(4)把圆盘、喂料漏斗都转离坍落度筒，小心并垂直地提起坍落度筒，此时应注意不使混凝土试体产生横向的扭动。

(5)把透明圆盘转到混凝土锥体顶面,放松螺钉,使圆盘轻轻落到混凝土顶面,此时应防止坍落的混凝土倒下与容器内壁相碰,如有需要可记录坍落度值。

(6)拧紧旋转架的螺钉,并检查测杆上的螺钉是否已经放松。同时开启振动台和秒表,在透明盘的底面被水泥浆布满的瞬间停下秒表,并关闭振动台。

(7)记录秒表上的时间,读数精确到 1 s。由秒表读出的时间秒数表示所试验的混凝土拌和物的维勃稠度值。如维勃稠度值小于 5 s 或大于 30 s,则此种混凝土所具有的稠度已超出本仪器的适用范围。

5.1.3 和易性相关知识

1. 混凝土定义

混凝土是指由胶凝材料、颗粒状骨料(包括粗骨料和细骨料)和水,以及必要时加入的化学外加剂和矿物掺合料,按一定的比例拌和,并在一定条件下经硬化后形成的复合材料。混凝土也称砼,是当代最主要的建筑材料之一,广泛用于工业与民用建筑、公路、铁路等工程中。

2. 和易性定义

混凝土中的各种组成材料按比例配合经搅拌形成的混合物称为新拌混凝土,又称混凝土拌和物。拌和物的和易性是指混凝土拌和物易于各工序操作(如搅拌、运输、浇筑、振捣),并能获得质量稳定、整体均匀、成型密实的混凝土的性能。和易性的好坏是保证施工质量的技术基础,也是混凝土适合泵送施工等现代化施工工艺的技术保证。

混凝土拌和物的和易性是一项综合性质,包括流动性、黏聚性和保水性三个方面。

(1)流动性

流动性是指拌和物在自重或施工机械振捣作用下,能产生流动并均匀密实地填充整个模型的性能。流动性的大小反映了混凝土拌和物的稠度,流动性好的混凝土拌和物操作方便、易于浇筑、振捣和成型。

(2)黏聚性

黏聚性是指拌和物在施工过程中,各组成材料互相之间有一定的黏聚力,不出现分层离析,保持整体均匀的性能。黏聚性反映了混凝土拌和物的均匀性,黏聚性良好的拌和物易于施工操作,不会产生分层和离析的现象。黏聚性差时,会造成混凝土质地不均,振捣后易出现蜂窝、空洞等现象,影响混凝土的强度和耐久性。

(3)保水性

保水性是指混凝土拌和物在施工过程中具有一定的保持内部水分而抵抗泌水的能力。保水性反映了混凝土拌和物的稳定性,保水性差的混凝土拌和物会在混凝土的内部形成透水通道,影响混凝土的密实性,并降低混凝土的强度及耐久性。

混凝土拌和物的这些性能既互相联系,又互相矛盾。例如,增加拌和物的用水量,可以提高其流动性,但可能降低黏聚性和保水性。因此,施工时应兼顾这些性能。混凝土拌和物的和易性是一项满足施工工艺要求的综合性质,现在还没有一个指标能对和易性进行完整反映。从和易性的几个方面分析,流动性对新拌混凝土的性质影响最大。因此通常测定和易性是以流动性为主,兼顾其他性能。流动性常用坍落度法和维勃稠度法进行测定,前者适用于流动性大、靠自重就能产生流动的混凝土拌和物;后者适用于流动性较小、靠自重不能产生流动的混凝土拌和物。

3.混凝土和易性的影响因素

(1)浆体的数量

浆体是由胶凝材料和水拌制而成的混合物,具有一定的流动性和可塑性。增加混凝土单位体积中浆体的数量,能使骨料周围有足够的浆体包裹,改善骨料之间的润滑性能,从而使混凝土拌和物的流动性提高。

若浆体过少,则不能填满骨料的空隙,更不能包裹所有的骨料表面形成润滑层,流动性和黏聚性也比较差。但浆体数量不宜过多,否则会出现流浆现象,黏聚性变差,同时对混凝土的强度和耐久性都有影响,且胶凝材料用量也大,不经济。因此,浆体的用量应以满足和易性和强度的要求为宜,不宜过多,也不宜过少。

(2)浆体的稠度

浆体的稠度主要取决于水胶比(1 m^3混凝土中水与胶凝材料用量的比值)大小,用W/B表示。若混凝土中胶凝材料只有水泥,水胶比即为混凝土中水与水泥的质量比,此时也称水灰比(W/C)。

在胶凝材料用量不变的情况下,水胶比越小,浆体越稠,骨料运动的阻力越大,则拌和物的流动性越小,但黏聚性会变好。当水胶比过小时,浆体干稠,拌和物流动性太小,施工困难,混凝土密实性差。反之,水胶比过大时,浆体过稀,其流动性过大。拌和物黏聚性、保水性变差,产生流浆、离析现象,并严重影响混凝土的强度。

在实际工程中,水胶比应根据混凝土所要求的强度和耐久性确定。

(3)水泥的品种和细度

不同品种的水泥的需水量不同,使得其对混凝土拌和物也有一定的影响。

一般来说,当水胶比相同时,用普通硅酸盐水泥所拌制的混凝土拌和物的流动性大,保水性好;用矿渣水泥时保水性差;用粉煤灰水泥时,流动性好,黏聚性和保水性也较好;用火山灰水泥时,流动性小,黏聚性和保水性较好。

水泥的细度越大,比表面积越大,需水量相应增加。拌制的混凝土流动性小,但是黏聚性和保水性好。

(4)骨料

骨料的品种、粒径、级配和表面状态等都对混凝土拌和物的和易性产生影响。

级配良好的砂、石骨料配制的混凝土拌和物,和易性较好。因为空隙率低,使得胶凝材料浆体填满空隙后,能充分包裹骨料,包裹层较厚,减小了骨料间的摩擦力,从而增大了混凝土拌和物的流动性。

砂的细度模数越小,总表面积越大,需要包裹的浆体量多,容易使混凝土流动性变差;使用卵石拌制混凝土时,其拌和物和易性比碎石略好;碎石的针、片状含量多,和易性差;骨料的杂质含量多,尤其是含泥量和泥块含量,会使和易性变差。

(5)砂率

砂率是指混凝土内砂的质量占砂(S)、石(G)总量的百分比,计算公式有

$$S_R=\frac{S}{S+G}\times 100\% \tag{5.1.1}$$

在混凝土拌和物体系中,可以认为是砂填充粗骨料的空隙,胶凝材料浆体填充砂的空隙,同时有一定的富余量去包裹并润滑骨料的表面,使混凝土具有一定的流动性。

砂率的变化可引起骨料的空隙率和总表面积的变化,因而可影响混凝土拌和物的和易性。砂率过大时,由于细骨料(砂)的比重变大,使得骨料的总表面积增大,使得包裹骨料的浆体量不足,混凝土变得干稠;砂率过小时,填充石子空隙的砂减少,砂与浆体形成的砂浆减少,不能充分填满石子的空隙和包裹石子的表面,造成骨料间摩擦力变大,流动性变差。

因此,选择砂率应该是在用水量及胶凝材料用量一定的条件下,使混凝土拌和物获得良好的和易性(图 5.1.3);或在保证良好和易性的同时,胶凝材料的用量最少(图 5.1.4),此时的砂率值称为合理砂率(或最佳砂率)。

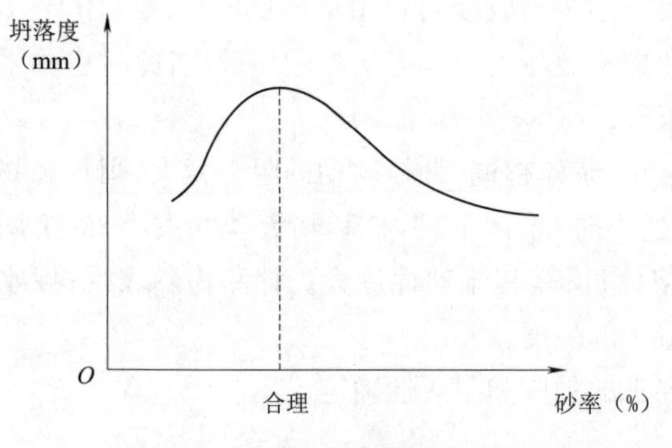

图 5.1.3 砂率与坍落度的关系
(胶凝材料用量一定)

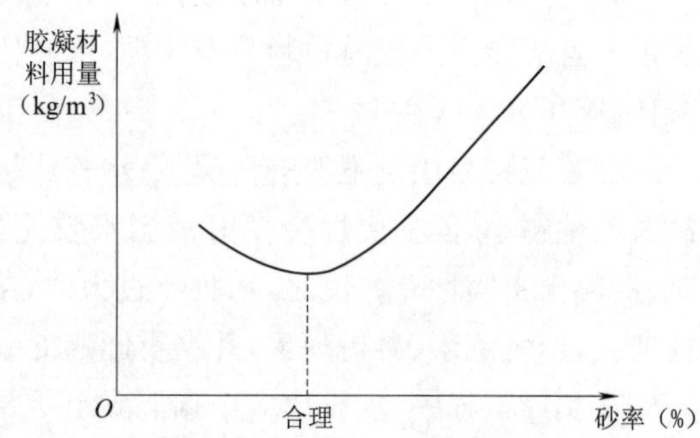

图 5.1.4 砂率与胶凝材料用量的关系
(坍落度一定)

(6)外加剂和掺合料

外加剂对混凝土拌和物和易性有一定影响,如减水剂、引气剂能改善拌和物的和易性,包括增大流动性,改善黏聚性和保水性。随着外加剂技术的进步,通过添加不同品种外加剂来提高混凝土的和易性,已经成为较直接和有效的手段。

掺合料也会对混凝土的和易性有很大影响,如掺入优质粉煤灰时,具有一定的减水效果,同时还可延缓水泥的水化速度,使混凝土的和易性提高。但是,品质较差的掺合料,也会降低混凝土的和易性。

(7)时间

混凝土拌和后,水化随即开始,随着时间的延长,具有胶凝性质的水化产物数量逐渐增加。同时,混凝土中的水一部分参与了水化作用,一部分蒸发到空气中,这都会使得混凝土拌和物的流动性越来越差,坍落度变小,这种现象称为混凝土的坍落度损失。混凝土拌和物搅拌均匀后,应尽快地进行施工。

(8)温度和湿度

随着环境的温度升高，水泥水化速度变快，凝结时间缩短，坍落度损失变大，尤其在夏季高温条件下施工时，温度的影响更为显著。空气湿度如果过小，混凝土的水分蒸发较快，也会降低拌和物的流动性。

针对影响混凝土和易性的因素，在实际施工中，可采用如下措施调整混凝土拌和物的和易性：

①在水胶比不变的情况下，适当增加胶凝材料浆体的数量。

②改善骨料的级配，尽可能选择级配良好的骨料；选择粒型较好且针、片状颗粒含量少的粗骨料；尽量采用较粗的砂；控制砂、石的含泥量和泥块含量。

③选择适宜的水泥品种，掺用化学外加剂和优质的矿物掺合料。

④通过试验，选用合理砂率等。

5.1.4 任务测评

1. 素质测评

混凝土和易性测定的素养点，做到即得分，未做到即零分，见表5.1.3。

表5.1.3 混凝土和易性测定素质测评表

序号	素养点	配分	得分
1	合作意识	20	
2	仪器、设备及工具安全检查	20	
3	仪器、工具、试验台清洁及整理	20	
4	节约环保意识，试验过程节约原料和能源	20	
5	试验过程合理的时间控制	20	
总分		100	

2. 知识测评

确定本任务关键词，按重要程度进行关键词排序并举例解读。

学生根据对本次任务重要信息捕捉、排序、表达、创新和划分权重能力进行自评，满分100分，见表5.1.4。

表5.1.4 混凝土和易性测定知识测评表

序号	关键词	举例解读	评分
1			
2			
3			
总分			

3. 能力测评

拌制混凝土并检测其和易性，完成检测报告，见表5.1.5。本任务所列内容，操作规范即得分，操作错误或未操作即零分，见表5.1.6。

表 5.1.5 混凝土和易性检测报告

配合比(塑性混凝土)			
强度等级		拌和体积	
制备方式	□1. 机械搅拌；□2. 人工拌和		
混凝土状态	□样品正常:黏聚性良好、无离析泌水 □样品异常描述:		
测试结果	坍落度: 扩展度:		
配合比(干硬性混凝土)			
强度等级		拌和体积	
制备方式	□1. 机械搅拌；□2. 人工拌和		
测试结果	维勃稠度:		
依据标准			
试验人		试验日期	
备 注			

表 5.1.6 混凝土和易性测定能力测评表

序号	技能点	配分	得分
1	准确称量原材料	10	
2	按要求制备混凝土	20	
3	混凝土的坍落度试验	30	
4	混凝土的维勃稠度试验	30	
5	提交试验报告	10	
总分		100	

4. 拓展训练

(1)请列举混凝土和易性测定过程中的注意事项、出现的问题,分析产生问题的原因,并制定解决措施。

(2)根据要求分别制备两组(塑性、干硬性)混凝土拌和物。

(3)对混凝土坍落度试验操作的学习收获进行总结。

(4)对混凝土维勃稠度试验操作的学习收获进行总结。

(5)通过混凝土和易性测定试验体会理论知识和操作技能的重要性,体会团队合作的乐趣,增强同学之间的友谊,在学习中增长知识、锤炼品格、练就本领。

5.1.5 任务总结与反思

完成任务总结报告,见表 5.1.7。

表 5.1.7 任务总结报告

班级：	姓名：	学号：	完成时间：
任务名称:混凝土和易性测定		组长签字：	教师签字：
类别	内容	学生总结	教师点评
知识点	和易性指标		
	影响和易性的因素		
	和易性判定		
技能点	正确使用称量工具		
	正确使用混凝土搅拌机		
	准确进行坍落度试验		
	准确进行维勃稠度试验		
	数据整理		
反思			

任务 5.2 混凝土强度评定

5.2.1 混凝土强度试验

按照标准方法制作的混凝土试件,在标准条件下养护 28 d,采用标准试验方法测得的抗压强度称为混凝土的立方体抗压强度,用 f_{cu}表示。工程中混凝土抗压强度试验多是采用立方体试件,立方体抗压强度标准试件的尺寸为 150 mm×150 mm×150 mm,也可采用非标准试件,然后将测定的结果乘以一定的换算系数,见表 5.2.1。

表 5.2.1 试件尺寸及强度值换算系数

试件边长(mm×mm×mm)	骨料最大粒径(mm)	换算系数
100×100×100	31.5	0.95
150×150×150	37.5	1.00
200×200×200	63.0	1.05

1.仪器设备

混凝土强度测定主要仪器设备见表 5.2.2。

2.试件的成型

①取样或试验室拌制的混凝土应在拌制后尽量短的时间内成型,一般不宜超过 15 min。

②试件制作前,应将试模擦拭干净,并在试模内表面涂一薄层矿物油或其他不与混凝土发生反应的脱模剂。

③试件成型方法应视混凝土的稠度而定。一般坍落度小于 70 mm 的混凝土,用振动台振实,大于 70 mm 的用捣棒人工捣实。检验现浇混凝土或预制构件的混凝土,试件成型方法宜与实际采用的方法相同。

表 5.2.2 混凝土强度评定仪器设备

仪器名称	仪器图片
压力试验机	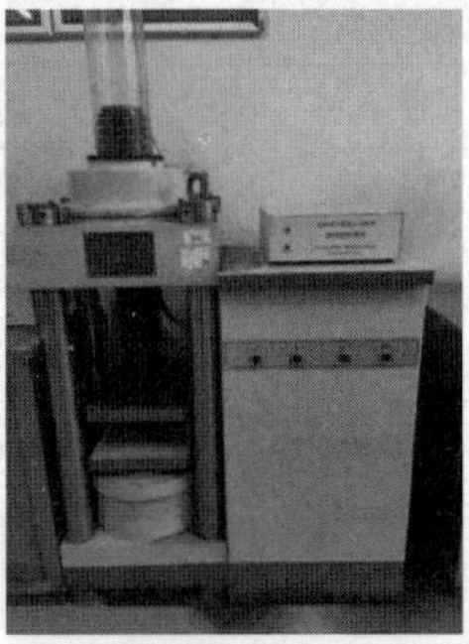
混凝土振动台	
混凝土立方体抗压试模	
捣棒	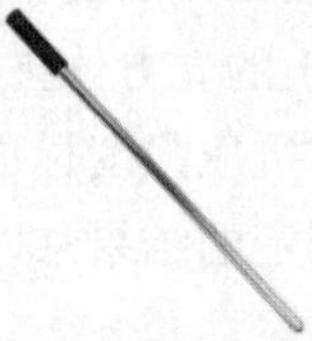
料铲	
抹刀	

a. 振动台成型：将拌和物一次装入试模，装料时应用抹刀沿各试模壁插捣，并使混凝土拌和物高出试模口，然后将试模放在振动台上并加以固定。开动振动台，振至拌和物表面呈现水泥浆时为止，不得过振。

b. 人工捣实成型：拌和物分两层装入试模，每层厚度大致相等，按螺旋方向从边缘向中心均匀进行插捣。插捣底层时，捣棒应达到试模底面，插捣上层时，应穿入下层深度 20～30 mm。

插捣时，捣棒应保持垂直，每层插捣次数一般每 100 cm^2 面积应不少于 12 次，并用抹刀沿试模内壁插入数次。插捣后用橡皮锤轻敲试模四周，直至插捣棒留下的空洞消失为止。

c. 用插入式振捣棒振实：将混凝土拌和物一次装入试模，装料时应用抹刀沿各试模壁插捣，并使混凝土拌和物高出试模口，宜用直径为 ϕ25 mm 的插入式振捣棒。插入试模振捣时，振捣棒距试模底板 10～20 mm，且不得触及试模底板，振动应持续到表面出浆为止，且应避免过振，以防止混凝土离析，一般振捣时间为 20 s。振捣棒拔出时要缓慢，拔出后不得留有孔洞。

④用抹刀沿试模边缘将多余的拌和物刮去，待混凝土临近初凝时，用抹刀将表面抹平。

3. 试件的养护

①试件成型后应覆盖，以防止水分蒸发，并在室温为 20 ℃±5 ℃情况下至少静置 1 d（但不得超过 2 d），然后进行编号、拆模。

②拆模后的试件应立即放在温度为 20 ℃±2 ℃、相对湿度为 95%以上的标准养护室中养护。在标准养护室内试件应放在支架上，彼此间隔为 10～20 mm，并应避免用水直接冲淋试件。无标准养护室时，混凝土试件可放在温度为 20 ℃±2 ℃的不流动 $Ca(OH)_2$ 饱和溶液中养护。标准养护龄期为 28 d（从搅拌加水开始计时）。

③试件成型后需与构件同条件养护时，应覆盖其表面。试件拆模时间可与实际构件的拆模时间相同。拆模后的试件仍应保持与构件相同的养护条件。

4. 抗压试验

①试件从养护地点取出后应及时进行试验，将试件表面与上下承压板面擦干净。

②把试件安放在试验机下压板中心，试件的承压面与成型时的顶面垂直。试件的中心应与试验机下压板中心对准，开动试验机。

③加压时，应持续而均匀地加荷，加荷速度为见表 5.2.3。

表 5.2.3　抗压试件加载速率

混凝土强度（MPa）	＜C30	≥C30，且＜C60	≥C60
加载速率（MPa/s）	0.3～0.5	0.5～0.8	0.8～1.0

④当试件接近破坏开始急剧变形时，应停止调整试验机油门，直至破坏，然后记录破坏荷载，关闭压力机。

⑤试验完毕，清理仪器设备。

5. 结果计算

①混凝土立方体试件抗压强度按式（5.2.1）计算（精确至 0.1 MPa）：

$$f_{cu}=\frac{F}{A} \tag{5.2.1}$$

式中　f_{cu}——混凝土立方体试件抗压强度，MPa；

F——破坏荷载，N；

A——试件承压面积，mm^2。

②一组混凝土应检测三个试件，以三个试件算术平均值作为该组试件的抗压强度值。

三个试件中的最大值或最小值中，如有一个与中间值的差异超过中间值的15%，则把最大值及最小值一并舍去，取中间值作为该组试件的抗压强度值。如最大值、最小值与中间值的差均超过中间值的15%，则该组试件的试验结果无效。

③取150 mm×150 mm×150 mm试件抗压强度为标准值，其他尺寸试件测得的强度值均应乘以尺寸换算系数(表5.2.1)。当混凝土强度等级≥C60时，宜采用标准试件；使用非标准尺寸试件时，换算系数应由试验确定。

5.2.2 混凝土强度相关知识

1.立方体抗压强度

混凝土的立方体抗压强度是指标准试件在压力作用下直至破坏，单位面积所能承受的最大压力。混凝土的抗压强度是工程中最常用的混凝土力学性能。

混凝土强度等级按照混凝土立方体抗压强度标准值($f_{cu,k}$)确定，混凝土的强度等级划分为C10、C15、C20、C25、C30、C35、C40、C45、C50、C55、C60、C65、C70、C75、C80、C85、C90、C95和C100 19个等级，其中“C”表示混凝土，C后面的数字表示混凝土立方体抗压强度标准值，如C30表示混凝土立方体抗压强度标准值为30 MPa。

混凝土立方体抗压强度标准值，是指按标准方法测得的具有95%强度保证率的抗压强度值。实际施工过程中，即使是相同配比的混凝土，在不同时间、不同批次测得的立方体抗压强度值也会有一定的波动，且通常符合正态分布的统计规律。在混凝土立方体抗压强度值的总体分布中，强度高于($f_{cu,k}$)的百分率为95%，例如C30指所有混凝土中，有95%能达到30 MPa。

2.轴心抗压强度

实际应用中的混凝土结构很多是棱柱体或圆柱体，实际长度比受力面积要大得多，为了能更好地反映混凝土实际抗压性能，混凝土在进行结构设计时，常以轴心抗压强度为设计依据。《混凝土物理力学性能试验方法标准》(GB/T 50081—2019)规定，轴心抗压强度采用150 mm×150 mm×300 mm的棱柱体作为标准试件，测得的抗压强度即为轴心抗压强度f_{cp}。

混凝土的轴心抗压强度f_{cp}与立方体抗压强度f_{cu}之间具有一定的关系，两者的比值在一定范围内波动。同一种混凝土的轴心抗压强度往往低于立方体抗压强度。

3.抗压强度的影响因素

(1)水泥品种和强度等级

混凝土的强度发展主要是由水泥的水化决定的，因而水化速度快的水泥，其强度发展也快。水泥的细度越大，水化活性越大，其强度发展也快。

一般情况下，相同种类的水泥，强度等级越高，则硬化后水泥石的强度越高，对骨料的胶结力就越强，配制的混凝土的强度也就越高。

(2)水胶比

在水泥强度等级一定时，混凝土的强度主要取决于水胶比，若不掺加其他的矿物掺合料，则为水灰比。

拌制混凝土过程中，为了满足施工时对混凝土和易性的要求，常需要多加一些水。这样，在混凝土硬化过程中，水泥水化后多余的水蒸发会留下气孔，造成混凝土的密实度降低，强度下降。因而水胶比越小，硬化后的孔隙率就小，混凝土的强度就越高。但水胶比过小，拌和物过稠，施工困难，使得混凝土振捣不密实，导致混凝土强度下降(图 5.2.1)。

瑞士学者 Bolomy 通过大量的试验研究，应用数学统计的方法证明，混凝土强度与水灰比呈曲线关系，而与灰水比呈直线关系(图 5.2.2)，其强度计算公式是：

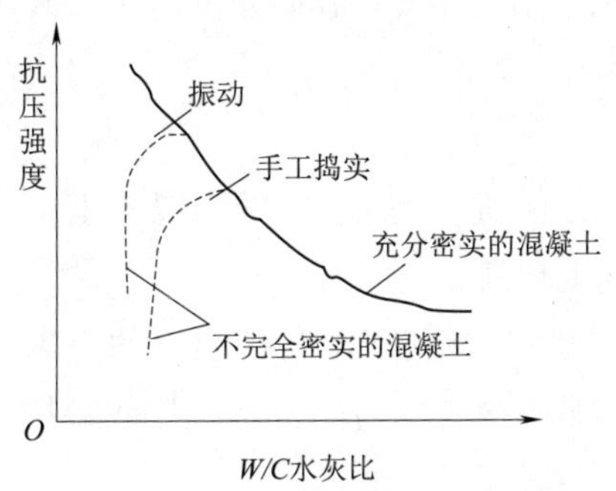

图 5.2.1　抗压强度与水灰比的关系

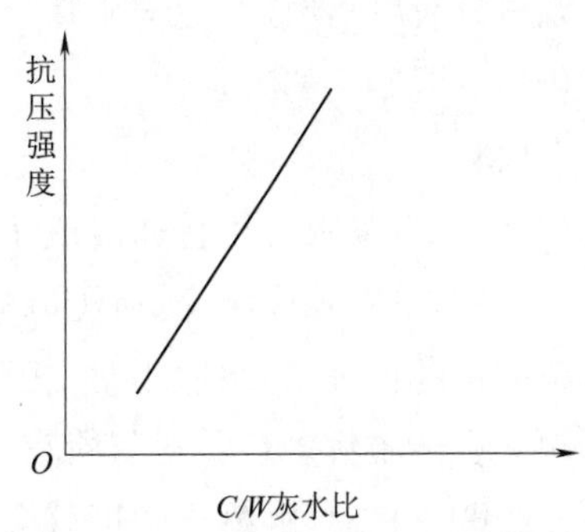

图 5.2.2　抗压强度与灰水比的关系

$$f_{cu}=\alpha_a f_{ce}\left(\frac{C}{W}-\alpha_b\right) \tag{5.2.2}$$

式中　f_{cu}——混凝土 28 d 龄期的抗压强度值，MPa；

f_{ce}——水泥 28 d 抗压强度的实测值，MPa；

C/W——混凝土的灰水比；

α_a，α_b——回归系数，与粗骨料的品种有关，见表 5.2.4。

表 5.2.4　混凝土中粗骨料的回归系数

回归系数	碎石混凝土	卵石混凝土
α_a	0.53	0.49
α_b	0.20	0.13

当无法取得水泥的 28 d 强度实测值时，可用式(5.2.3)进行估算。

$$f_{ce}=\gamma_c f_{ce,g} \tag{5.2.3}$$

式中　$f_{ce,g}$——水泥的强度等级值，MPa；

γ_c——水泥强度等级值的富余系数，见表 5.2.5。

表 5.2.5　水泥强度等级值的富余系数

水泥强度等级	32.5	42.5	52.5
富余系数	1.12	1.16	1.10

Bolomy 公式是混凝土配合比设计的重要基础，延续了近百年。在实际应用中，当水泥强度等级确定，配制某种强度的混凝土时，可以估算应采用的水灰比值；当已知所用水泥强

度等级和水灰比时,可估计混凝土 28 d 可能达到的抗压强度值。

现代混凝土在四组分的基础上,掺入了矿物掺合料和化学外加剂,胶凝材料变成了以水泥为主的复合胶凝材料体系,水灰比的说法逐渐被水胶比取代。对 Bolomy 公式进行了修正后,有

$$f_{cu}=\alpha_a f_b\left(\frac{B}{W}-\alpha_b\right) \tag{5.2.4}$$

式中　f_b——胶凝材料(水泥与矿物掺合料按使用比例混合)28 d 胶砂强度的实测值,MPa;

B/W——混凝土的胶水比。

(3)骨料

通常情况下,骨料对于普通混凝土强度的影响较小,尤其是在中、低强混凝土中。而在高强混凝土中,骨料强度越高,所配制的混凝土强度也越高。

骨料的级配良好、砂率适当时,相互堆积的结构密实,有利于混凝土强度的提高。如果混凝土中有害杂质较多且骨料品质较差(如含泥量、泥块含量高,有大量针、片状颗粒及风化的岩石)、级配不良时,混凝土强度就会降低。

碎石表面粗糙,具有一定的吸附性,黏结力比较大,卵石表面光滑,黏结力较低。因而,在水泥强度等级和水胶比相同的条件下,碎石混凝土的强度比卵石混凝土的强度略高,特别是在水胶比较小时,因此配制高强混凝土应首选碎石。

(4)搅拌、运输和振捣

①搅拌

在一定的时间内,混凝土拌和物的搅拌时间越长,拌和越均匀,强度也越高,如对于干硬性的混凝土,搅拌时间应适当延长,以使水泥与水能混合均匀,但搅拌时间过长则会引起混凝土的离析,应根据混凝土的特性来合理选择搅拌时间。

②运输

混凝土拌和物在运输过程中应保持拌和物的均匀性,长距离运输过程应考虑混凝土可能发生的离析对强度的影响。若在运送至浇筑点时发现混凝土离析,应快速搅拌至均匀后再进行浇筑,而且注意不能超过混凝土的初凝时间。

③振捣

为获得均匀密实的混凝土,拌和物在浇筑后必须充分捣实。通常在适当时间范围内,延长振捣时间可以提高混凝土的强度,但对于流动性较大的混凝土,振捣时间过长容易发生离析,从而降低混凝土强度,因而要有一个合适的振捣时间。

(5)养护

养护是指采取一定措施,使混凝土在处于适当温度和足够湿度的环境中进行硬化。养护温度高,水泥水化快,混凝土强度发展快,但温度也不宜过高,否则会产生过多的水化热,使混凝土容易开裂。养护温度降低,水化反应变慢,当温度低至冰点以下时,水化就停止了,且有冰冻破坏的危险,使强度降低。故冬季施工时,应采取一定的保温措施。

环境湿度是保证水泥正常水化的另一个重要条件。在充足的湿度条件下，水泥水化的就充分，使混凝土强度发展顺利；若湿度不够，则由于水分大量蒸发，水泥缺水而不能正常水化，而且造成结构疏松、干裂，严重影响混凝土强度。

一般情况下，混凝土标准养护的时间越长，后期强度越高，如图 5.2.3 所示。对于采用硅酸盐水泥、普通硅酸盐水泥、矿渣硅酸盐水泥拌制的混凝土，采用浇水和潮湿覆盖的养护时间不得少于 7 d；对于采用火山灰硅酸盐水泥、粉煤灰硅酸盐水泥、复合硅酸盐水泥配制的混凝土，或掺用缓凝型外加剂的混凝土以及大掺量矿物掺合料的混凝土，采用浇水和潮湿覆盖的养护时间不得少于 14 d。

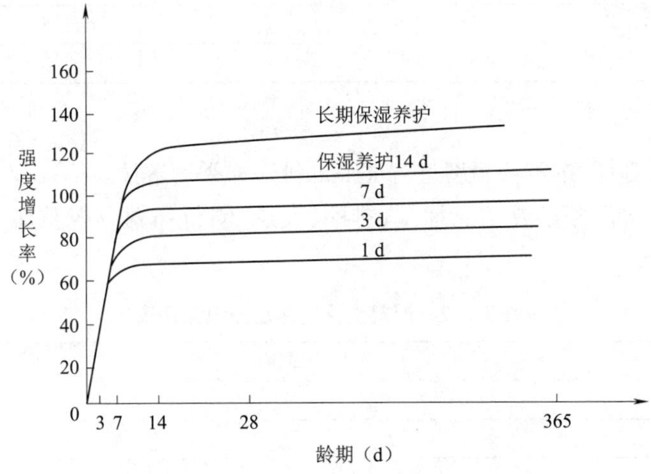

图 5.2.3　混凝土强度与养护时间、龄期的关系

(6)龄期

混凝土在正常养护条件下，其强度随龄期增长而提高。在最初 3～7 d 内，强度增长较快，28 d 达到设计强度的规定值，之后强度还会继续发展，但较为缓慢。当某一龄期 n 大于等于 3 d 时，该龄期混凝土的抗压强度 f_n 与 28 d 强度 f_{28} 存在如下关系：

$$\frac{f_n}{f_{28}}=\frac{\lg n}{\lg 28} \tag{5.2.5}$$

式中　f_n——n 天的混凝土立方体抗压强度($n\geqslant 3$ d)；

f_{28}——28 d 的混凝土立方体抗压强度。

根据式(5.2.5)，可由测得的混凝土的早期强度，估算其 28 d 的强度；或者可由混凝土 28 d 的强度，推算 28 d 前混凝土达到某一强度需要养护的天数，以便确定混凝土拆模、构件起吊、预应力钢筋放松、制品养护及出厂等日期。

(7)外加剂

不同类型的外加剂对混凝土强度的影响也有不同，如减水剂能减少混凝土拌和用水量，可以提高混凝土的强度；引气剂可以增加基体的孔隙率，因此会对混凝土的强度有负面影响；早强剂可以提高混凝土的早期强度。

5.2.3 任务测评

1.素质测评

混凝土强度评定的素养点，做到即得分，未做到即零分，见表5.2.6。

表5.2.6 混凝土强度评定素质测评表

序号	素养点	配分	得分
1	安全意识	20	
2	仪器、设备及工具安全检查	20	
3	仪器、工具、试验台清洁及整理	20	
4	节约环保意识，材料的循环再生	20	
5	记录真实数据	20	
总分		100	

2.知识测评

确定本任务关键词，按重要程度进行关键词排序并举例解读。

学生根据对本次任务重要信息捕捉、排序、表达、创新和划分权重能力进行自评，满分100分，见表5.2.7。

表5.2.7 混凝土强度评定知识测评表

序号	关键词	举例解读	评分
1			
2			
3			
总分			

3.能力测评

测定混凝土强度，完成试验报告，见表5.2.8。本任务所列内容，操作规范即得分，操作错误或未操作即零分，见表5.2.9。

表5.2.8 混凝土强度评定试验报告

强度等级		试验龄期	
试件尺寸		修正系数	
破坏荷载(kN)	1.________；2.________；3.________		
强度计算			
结果评定	该组混凝土的强度值：________		
依据标准			
试验人		试验日期	
备　注			

表 5.2.9　混凝土强度评定能力测评表

序号	技能点	配分	得分
1	按要求制备混凝土	10	
2	制作混凝土试件	20	
3	用压力机测试混凝土强度值	30	
4	计算和评定混凝土的强度	20	
5	提交试验报告	20	
总分		100	

4. 拓展训练

(1)请列举混凝土试件制作及强度试验过程中的注意事项、出现的问题,分析产生问题的原因,并制定解决措施。

(2)根据要求制作混凝土试件,且脱模后养护,并测试其 28 d 强度。

(3)对混凝土试件制作及强度试验操作的学习收获进行总结。

5.2.4　任务总结与反思

完成任务总结报告,见表 5.2.10。

表 5.2.10　任务总结报告

班级:	姓名:	学号:	完成时间:
任务名称:混凝土强度试验		组长签字:	教师签字:
类别	内容	学生总结	教师点评
知识点	混凝土强度		
	混凝土强度的影响因素		
	试件尺寸和换算系数		
技能点	正确进行试件成型与脱模		
	正确使用压力机		
	准确进行强度试验		
	数据整理		
反思			

任务 5.3　普通混凝土配合比设计

5.3.1　普通混凝土配合比设计试验

混凝土配合比设计所采用的细骨料含水率应小于 0.5%,粗骨料含水率应小于 0.2%。

1. 试验设备

普通混凝土配合比设计所用主要仪器设备,见表 5.3.1。

表 5.3.1　普通混凝土配合比设计仪器设备

仪器名称	仪器图片
混凝土搅拌机	
混凝土振动台	
坍落度筒和捣棒	
压力试验机	
混凝土立方体抗压试模	
磅秤(量程 50 kg,精确度 50 g)	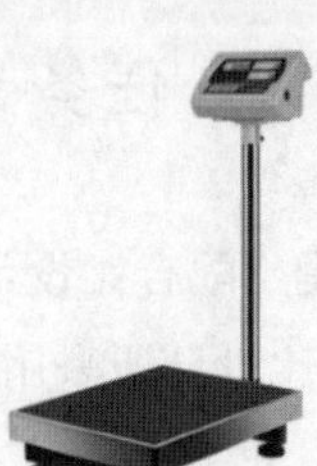

续上表

仪器名称	仪器图片
天平(精确度 0.1 g)	
计算器	
铁铲	
钢尺	
抹刀	

2. 理论配合比的计算

(1)确定混凝土的配制强度

实际施工时，由于各种因素的影响，混凝土的强度值是波动的。为了保证混凝土的强度达到设计等级的要求，在配制混凝土时，混凝土配制强度要求高于其强度等级值 $f_{cu,k}$。当混凝土的设计强度等级小于 C60 时，配制强度应按式(5.3.1)确定：

$$f_{cu,0} \geqslant f_{cu,k} + 1.645\sigma \tag{5.3.1}$$

式中 $f_{cu,0}$——混凝土立方体的试配强度，MPa；

$f_{cu,k}$——混凝土立方体的抗压强度标准值，MPa；

σ——混凝土强度标准差，MPa。

混凝土强度标准差σ的确定方法：

①当施工单位具有近期同一品种混凝土强度资料时，σ可按式(5.3.2)计算：

$$\sigma=\sqrt{\frac{\sum_{i=1}^{n}f_{cu,i}^{2}-n\overline{f}_{cu}^{2}}{n-1}} \tag{5.3.2}$$

式中 n——同一强度等级的混凝土试件组数($n\geqslant25$)；

$f_{cu,i}$——第i组试件的抗压强度，MPa；

$\overline{f}_{cu}$——同一验收批混凝土立方体抗压强度的平均值，MPa；

σ——n组混凝土试件强度标准差，MPa。

②当混凝土强度等级不大于C30的混凝土，其σ计算值不小于3.0 MPa时，应取计算值；当σ计算值小于3.0 MPa时，应取3.0 MPa。当强度等级大于C30且小于C60的混凝土，其σ计算值不小于4.0 MPa时，应取计算值；当σ计算值小于4.0 MPa时，应取4.0 MPa。

当施工单位无历史统计资料时，σ值见表5.3.2。

表5.3.2 标准差σ值

混凝土强度等级	≤C20	C25～C45	C50～C55
σ(MPa)	4.0	5.0	6.0

(2)确定水胶比

根据鲍罗米公式进行计算：

$$\frac{W}{B}=\frac{\alpha_a\cdot f_b}{f_{cu,0}+\alpha_a\cdot\alpha_b\cdot f_b} \tag{5.3.3}$$

$$f_b=\gamma_s\gamma_f f_{ce} \tag{5.3.4}$$

$$f_{ce}=\gamma_c f_{ce,g} \tag{5.3.5}$$

式中 γ_s，γ_f——粒化高炉矿渣粉和粉煤灰的影响系数，见表5.3.3；

其余符号同前。

表5.3.3 粒化高炉矿渣粉和粉煤灰的影响系数

掺量(%)	粉煤灰影响系数γ_f	粒化高炉矿渣粉影响系数γ_s
0	1.00	1.00
10	0.90～0.95	1.00
20	0.80～0.85	0.95～1.00
30	0.70～0.75	0.90～1.00
40	0.60～0.65	0.80～0.90
50	—	0.70～0.85

求得 W/B 后，要进行耐久性的复核，见表 5.3.4。当水胶比的计算值大于表中的最大水胶比值时，应取表中最大水胶比值；当水胶比的计算值小于表中最大水胶比值时，应取水胶比的计算值，这样才能满足混凝土的耐久性。表中括号为当混凝土使用引气剂时应该选取的数据。

表 5.3.4　满足耐久性要求的混凝土最大水胶比

环境条件	最大水胶比	最低强度等级
室内干燥环境； 无侵蚀性静水浸没环境	0.60	C20
室内潮湿环境； 非严寒和非寒冷地区的露天环境； 非严寒和非寒冷地区与无侵蚀性的水或土壤直接接触的环境； 严寒和寒冷地区的冰冻线以下与无侵蚀性的水或土壤直接接触的环境	0.55	C25
干湿交替环境； 水位频繁变动环境； 严寒和寒冷地区的露天环境； 严寒和寒冷地区冰冻线以上与无侵蚀性的水或土壤直接接触的环境	0.50(0.55)	C30(C25)
严寒和寒冷地区冬季水位变动区环境； 受除冰盐影响环境； 海风环境	0.45(0.50)	C35(C30)
盐渍土环境； 受除冰盐作用环境； 海岸环境	0.40	C40

(3)确定混凝土的单位体积用水量

①水胶比在 0.40～0.80 范围时，可根据粗骨料品种、最大粒径及施工要求的混凝土拌和物的稠度，按规定选取用水量，见表 5.3.5 和表 5.3.6。水胶比小于 0.40 的混凝土用水量，应通过试验确定。

表 5.3.5　干硬性混凝土的用水量(kg/m^3)

拌和物稠度		卵石最大公称粒径(mm)			碎石最大公称粒径(mm)		
项目	指标	10.0	20.0	40.0	16.0	20.0	40.0
维勃稠度(s)	16～20	175	160	145	180	170	155
	11～15	180	165	150	185	175	160
	5～10	185	170	155	190	180	165

表 5.3.6 塑性混凝土的用水量(kg/m^3)

拌和物稠度		卵石最大粒径(mm)				碎石最大粒径(mm)			
项目	指标	10.0	20.0	31.5	40.0	16.0	20.0	31.5	40.0
坍落度(mm)	10～30	190	170	160	150	200	185	175	165
	35～50	200	180	170	160	210	195	185	175
	55～70	210	190	180	170	220	105	195	185
	75～90	215	195	185	175	230	215	205	195

注:①本表用水量系采用中砂时的取值。采用细砂时,每立方米混凝土用水量可增加 5～10 kg;采用粗砂时,可减少 5～10 kg。

②掺用矿物掺合料和外加剂时,用水量应相应调整。

②掺外加剂时混凝土的用水量可按式(5.3.6)计算:

$$m_{w0}=m'_{w0}(1-\beta) \tag{5.3.6}$$

式中 m_{w0}——每立方米混凝土的用水量,kg/m^3;

m'_{w0}——未掺外加剂时混凝土的单位体积用水量,kg/m^3;以 90 mm 坍落度的用水量为基础,见表 5.3.8,按每增大 20 mm 坍落度相应增加 5 kg/m^3 用水量来计算,当坍落度增大到 180 mm 以上时,随坍落度相应增加的用水量可减少;

β——外加剂的减水率,%,由试验确定。

③每立方米混凝土中外加剂用量可按式(5.3.7)计算:

$$m_{a0}=m_{b0}\beta_a \tag{5.3.7}$$

式中 m_{a0}——每立方米混凝土中外加剂用量,kg/m^3;

m_{b0}——每立方米混凝土中胶凝材料用量,kg/m^3;

β_a——外加剂的掺量,%,由试验确定。

(4)确定胶凝材料、粉煤灰用量和水泥用量

①每立方米混凝土的胶凝材料用量(m_{b0})应按式(5.3.8)计算,并应进行试拌调整,在拌和物性能满足的情况下,取经济合理的胶凝材料用量。

$$m_{b0}=\frac{m_{w0}}{W/B} \tag{5.3.8}$$

式中 W/B——水胶比。

除配制 C15 及其以下强度等级的混凝土外,混凝土最小胶凝材料用量应符合表 5.3.7 的规定。

表 5.3.7 混凝土的最小胶凝材料用量

最大水胶比	最小胶凝材料用量(kg/m^3)		
	素混凝土	钢筋混凝土	预应力混凝土
0.60	250	280	300
0.55	280	300	300
0.50	320		
≤0.45	330		

②每立方米混凝土的矿物掺合料用量(m_{f0})应按式(5.3.9)计算：

$$m_{f0}=m_{c0}\times\beta_f \tag{5.3.9}$$

式中　m_{f0}——每立方米混凝土的矿物掺合料用量，kg/m^3；

β_f——矿物掺合料掺量，%。

③每立方米混凝土的水泥用量(m_{c0})应按式(5.3.10)计算：

$$m_{c0}=m_{b0}-m_{f0} \tag{5.3.10}$$

式中　m_{c0}——每立方米混凝土的水泥用量，kg/m^3。

(5)确定合理砂率(β_s)

缺乏砂率可参考的历史资料时，混凝土砂率的确定应符合下列规定：

①坍落度小于 10 mm 的混凝土，其砂率应经试验确定(干硬性混凝土)。

②坍落度为 10～60 mm 的混凝土，其砂率可根据粗骨料品种、最大公称粒径及水胶比按规定选取，见表 5.3.8。

③坍落度大于 60 mm 的混凝土，其砂率可经试验确定，也可在规定要求的基础上，按坍落度每增大 20 mm，砂率增大 1%的幅度予以调整。

表 5.3.8　混凝土的砂率(%)

水胶比(W/B)	卵石最大公称粒径(mm)			碎石最大公称粒径(mm)		
	10.0	20.0	40.0	16.0	20.0	40.0
0.40	26～32	25～31	24～30	30～35	29～34	27～32
0.50	30～35	29～34	28～33	33～38	32～37	30～35
0.60	33～38	32～37	31～36	36～41	35～40	33～38
0.70	36～41	35～40	34～39	39～44	38～43	36～41

注：①本表数值系中砂的选用砂率，对细砂或粗砂，可相应地减少或增大砂率。
②采用人工砂配制混凝土时，砂率可适当增大。
③只用一个单粒级粗骨料配制混凝土时，砂率应适当增大。

(6)确定砂(m_{s0})、石(m_{g0})用量

①质量法(假定表观密度法)

根据经验，如果原材料比较稳定，则所配制的混凝土拌和物的体积密度将接近一个固定值，在 2 350～2 450 kg/m^3。这样就可先假定每立方米混凝土拌和物的质量 m_{cp}(kg)，由式(5.3.11)和式(5.3.12)联立求出 m_{s0}、m_{g0}。

$$m_{f0}+m_{c0}+m_{w0}+m_{s0}+m_{g0}=m_{cp} \tag{5.3.11}$$

$$\frac{m_{s0}}{m_{s0}+m_{g0}}\times100\%=\beta_s \tag{5.3.12}$$

式中　m_{g0}——计算配合比每立方米混凝土的粗骨料用量，kg；

m_{s0}——计算配合比每立方米混凝土的细骨料用量，kg；

β_s——砂率，%；

m_{cp}——每立方米混凝土拌和物的假定质量，kg，可取 2 350～2 450 kg。

②体积法(又称绝对体积法)

这种方法是假定 1 m^3 混凝土拌和物的体积等于各组成材料的体积和拌和物所含空气体积之和。

$$\frac{m_{c0}}{\rho_c}+\frac{m_{f0}}{\rho_f}+\frac{m_{w0}}{\rho_w}+\frac{s_{s0}}{\rho_s}+\frac{m_{g0}}{\rho_g}+0.01\alpha=1 \tag{5.3.13}$$

$$\frac{m_{s0}}{m_{s0}+m_{g0}}\times 100\%=\beta_s \tag{5.3.14}$$

式中 ρ_c,ρ_f,ρ_w,ρ_s,ρ_g——水泥、矿物掺合料、水、砂、石子的表观密度,kg/m^3;

α——混凝土含气量的百分数,在未使用引气型外加剂时,$\alpha=1$。

3. 配合比的适配与调整

混凝土的初步配合比是借助经验公式算得的,或是利用经验资料查得的,许多影响混凝土技术性质的因素并未考虑进去,因而不一定符合实际情况,也不一定能满足配合比设计的基本要求,所以必须进行试配与调整。

(1)和易性的调整

混凝土试配时,当粗骨料最大粒径 $D_{max}\leqslant 31.5$ mm 时,拌和 20 L,$D_{max}=40$ mm 时,拌和 25 L;采用机械搅拌时,拌和量不小于搅拌机额定搅拌量的 1/4,且不应大于搅拌机的公称容量。

和易性调整的基本原则是:当流动性小于设计要求时,保持 W/B 不变,适量增加浆体量;当流动性大于设计要求时,可保持砂率不变,适量增加砂、石用量;当拌和物砂浆量不足,出现黏聚性、保水性不良时,可适当增加砂率,反之应减少砂率,每次调整后,再试拌测试,直至符合要求为止。和易性合格后,测出该拌和物的实际表观密度($\rho_{c,t}$),并计算出各组成材料的拌和用量。

假设调整后拌和物中各材料的量为水泥 m_{cb}、掺合料 m_{fb}、水 m_{wb}、砂子 m_{sb}、石子 m_{gb},则拌和物的总质量为 $m_{总b}=m_{cb}+m_{fb}+m_{wb}+m_{sb}+m_{gb}$,可计算出 1 m^3 混凝土中各材料的用量(试拌配合比):

$$m_{c1}=m_{cb}/m_{总b}\times\rho_{ct} \tag{5.3.15}$$

$$m_{f1}=m_{fb}/m_{总b}\times\rho_{ct} \tag{5.3.16}$$

$$m_{w1}=m_{wb}/m_{总b}\times\rho_{ct} \tag{5.3.17}$$

$$m_{s1}=m_{sb}/m_{总b}\times\rho_{ct} \tag{5.3.18}$$

$$m_{g1}=m_{gb}/m_{总b}\times\rho_{ct} \tag{5.3.19}$$

(2)强度校验

上述得出的满足和易性的配合比,其水胶比是根据经验公式得出的,不一定满足强度的设计要求,故应检验其强度。

检验方法:一般采用三个不同的配合比,其一为试拌配合比,另外两个配合比的水胶比值分别较试拌配合比增、减 0.05,而用水量与试拌配合比相同,以保证另外两组配合比的和易性满足要求(必要时可适当调整砂率)。另外两组配合比也要试拌、检验和调整和易性,使其符合设计和施工要求。混凝土强度检验时，每个配合比应至少制作一组（三块）试件，测标准养护 28 d 的抗压强度。

根据强度试验结果，由各胶水比与其相应强度的关系，用作图法（图 5.3.1）求出略大于配制强度（$f_{cu,0}$）对应的胶水比（B/W），该胶水比既满足了强度要求，又满足了水泥用量最少的要求。

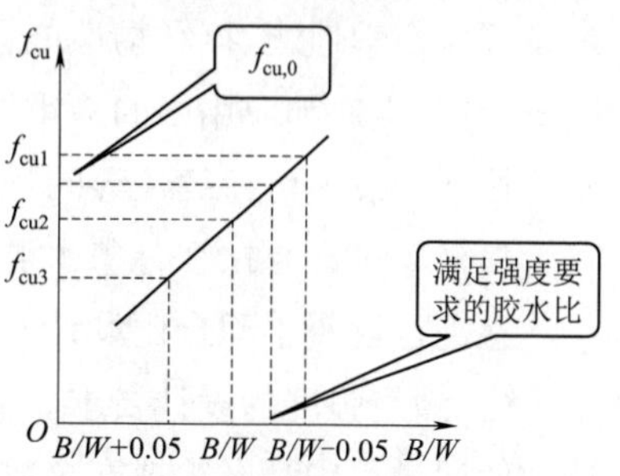

图 5.3.1 作图法确定合理水胶比

在试拌配合比用水量的基础上，用水量和外加剂用量应根据确定的水胶比作调整，胶凝材料用量应以用水量乘以选定出的胶水比计算确定；砂、石用量应根据用水量和胶凝材料进行调整。调整后的配合比需根据实测表观密度（ρ_{ct}）和计算表观密度（$\rho_{c,c}$）进行校正。

计算表观密度（$\rho_{c,c}$）应按式（5.3.20）计算：

$$\rho_{c,c}=m_c+m_f+m_w+m_s+m_g \tag{5.3.20}$$

式中 $\rho_{c,c}$——混凝土拌和物的表观密度计算值，kg/m³；

m_c——调整后每立方米混凝土的水泥用量，kg/m³；

m_f——调整后每立方米混凝土的矿物掺合料用量，kg/m³；

m_g——调整后每立方米混凝土的粗骨料用量，kg/m³；

m_s——调整后每立方米混凝土的细骨料用量，kg/m³；

m_w——调整后每立方米混凝土的用水量，kg/m³。

混凝土配合比的校正系数按式（5.3.21）计算：

$$\delta=\frac{\rho_{c,t}}{\rho_{c,c}} \tag{5.3.21}$$

当 $\rho_{c,t}$ 与 $\rho_{c,c}$ 之差的绝对值不超过 $\rho_{c,c}$ 的 2%时，可按调整后的配比，不需校正；当 $\rho_{c,t}$ 与 $\rho_{c,c}$ 之差的绝对值超过 $\rho_{c,c}$ 的 2%时，应将各配合比中每项材料用量均乘以校正系数 δ。

4. 施工配合比的确定

根据现场砂、石含水率进行调整得出施工配合比。假设工地砂、石含水率分别为 $a\%$ 和 $b\%$，则施工配合比按式（5.3.22）～式（5.3.26）确定：

$$m'_c=m_c \tag{5.3.22}$$

$$m'_f=m_f \tag{5.3.23}$$

$$m'_w=m_w-m_s\times a\%-m_g\times b\% \tag{5.3.24}$$

$$m'_s=m_s\times(1+a\%) \tag{5.3.25}$$

$$m'_g=m_g\times(1+b\%) \tag{5.3.26}$$

5.3.2 混凝土配合比设计相关知识

混凝土中各组成材料数量之间的比例关系称为混凝土的配合比，合理确定单位体积混凝土中各组成材料用量的过程叫作混凝土的配合比设计。配合比设计应满足混凝土配制强度及其他力学性能、拌和物性能、长期性能和耐久性能的设计要求。配合比设计和调整是混凝土设计、生产和应用中的最重要环节，其设计理念与方法决定着混凝土的技术先进性、成本可控性和发展可持续性等问题。

1. 混凝土配合比设计基本要求

在进行混凝土配合比设计时，应遵循如下的基本原则：

(1)满足强度的设计要求。强度是保证混凝土结构安全性的重要指标，任何建筑物在建造和使用过程中都必须把安全放在第一位，因而混凝土的强度也是最重要的指标。

(2)满足施工的和易性要求。和易性是易于施工过程中各工序操作的性能，保证成型后混凝土的均匀性和密实度。

(3)满足耐久性的要求。耐久性是和结构物使用寿命相关的性能，混凝土的抗渗、抗冻等性能应满足要求，保证建筑物经久耐用。

(4)满足经济性的要求。好的混凝土应该是在满足强度、和易性和耐久性等的前提下，尽量降低成本，最有效的方法就是尽量减少水泥的用量。

2. 混凝土配合比的表示方法

混凝土的配合比有两种表示方法：

(1)用 1 m^3 混凝土中各种材料的质量来表示。

例如一个四组分混凝土的配合比：水泥 314 kg、水 182 kg、砂 703 kg、碎石 1 201 kg，这种方法通常保留到整数位即可。

(2)用混凝土各种材料相互间的质量比表示(以水泥为 1)。

例如上面的配合比可表示为水泥∶水∶砂∶碎石＝1∶0.58∶2.24∶3.82，这种方法通常保留两位小数，以保证结果的准确性。

3. 混凝土配合比设计的准备资料

(1)了解设计要求的混凝土强度等级和施工单位的生产管理水平，以便确定混凝土的配制强度。在施工过程中，由于原材料的波动及生产因素的差异，会导致混凝土质量的不稳定。为使混凝土强度保证率满足 95％的规定要求，须使混凝土的配制强度高于强度等级值。根据《普通混凝土配合比设计规程》(JGJ 55—2011)，当混凝土的设计强度等级小于 C60 时：$f_{cu,0} \geq f_{cu,k} + 1.645\sigma$；当设计等级≥C60 时：$f_{cu,0} \geq 1.15 f_{cu,k}$。

(2)了解结构物所处环境条件，明确对混凝土耐久性的要求，如抗渗、抗冻等级，以便确定最大水胶比和最小胶凝材料用量。

(3)了解结构形式，如截面最小尺寸、钢筋疏密情况，以便确定粗骨料的最大粒径。

(4)了解施工方法及和易性要求，确定拌和物的坍落度。

(5)掌握原材料的各种性能及物理性质和质量，如水泥强度等级和实际强度(f_{ce})，粗、细骨料表观密度，粗、细骨料的种类、级配和有害杂质含量等质量指标。

4. 混凝土配合比设计步骤

混凝土的配合比设计大致可以分为四步：

(1)计算配合比。根据原材料的情况和设计要求及施工水平等,结合设计规范计算出混凝土的配合比,又称初步配合比。

(2)试拌配合比。按计算配合比在试验室进行试配调整,得出满足和易性的配合比,又称基准配合比。

(3)试验配合比。在试拌配合比的基础上进行的强度检验,得出满足强度要求的配合比,又称设计配合比。

(4)施工配合比。在试验配合比的基础上,根据施工现场砂、石的含水率,再调整得出的配合比。

5.3.3　任务测评

1. 素质测评

混凝土配合比设计的素养点,做到即得分,未做到即零分,见表 5.3.9。

表 5.3.9　混凝土配合比设计试验素质测评表

序号	素养点	配分	得分
1	团队合作意识	20	
2	掌握设备安全操作方法	20	
3	仪器和工具的清洁及整理	20	
4	节约环保意识,原料不洒落	20	
5	合理的时间控制	20	
总分		100	

2. 知识测评

确定本任务关键词,按重要程度进行关键词排序并举例解读。

学生根据对本次任务重要信息捕捉、排序、表达、创新和划分权重能力进行自评,满分 100 分,见表 5.3.10。

表 5.3.10　混凝土配合比设计试验知识测评表

序号	关键词	举例解读	评分
1			
2			
3			
总分			

3. 能力测评

按要求进行混凝土配合比设计,完成设计报告,见表 5.3.11。完成本任务所列内容,操作规范即得分,操作错误或未操作即零分,见表 5.3.12。

表 5.3.11 混凝土配合比设计报告

<table>
<tr><td>设计强度等级</td><td colspan="2"></td><td colspan="2">设计坍落度</td><td></td></tr>
<tr><td>环境条件</td><td colspan="5"></td></tr>
<tr><td>原材料关键技术指标</td><td colspan="5">水泥:强度等级________,密度________
细骨料:细度模数________,级配情况________,表观密度________
粗骨料:粗骨料种类为□卵石 □碎石,最大粒径________,表观密度________
外加剂:外加剂种类________,减水率________,掺量________
掺合料:掺合料种类________,掺量________,表观密度________</td></tr>
<tr><td>计算配合比</td><td colspan="5"></td></tr>
<tr><td rowspan="2">试拌配合比</td><td>试拌体积</td><td colspan="2"></td><td>实测坍落度</td><td></td></tr>
<tr><td colspan="5">调整过程:

试拌配合比:</td></tr>
<tr><td>设计配合比</td><td colspan="5">强度检验结果:

设计配合比:</td></tr>
<tr><td>依据标准</td><td colspan="5"></td></tr>
<tr><td>试验人</td><td colspan="2"></td><td colspan="2">试验日期</td><td></td></tr>
<tr><td>备　注</td><td colspan="5"></td></tr>
</table>

表 5.3.12 混凝土配合比设计试验能力测评表

序号	技能点	配分	得分
1	按规范计算混凝土的初步配合比	20	
2	按要求进行混凝土的适配	20	
3	对混凝土的配合比进行调整	20	
4	记录试验结果并进行计算	20	
5	提交试验报告	20	
总分		100	

4. 拓展训练

(1)请列举混凝土配合比设计试验过程中的注意事项、出现的问题,分析产生问题的原因,并制定解决措施。

(2)根据要求进行混凝土配合比设计试验。

(3)对混凝土配合比设计试验操作的学习收获进行总结。

5.3.4　任务总结与反思

完成任务总结报告，见表 5.3.13。

表 5.3.13　任务总结报告

班级：	姓名：	学号：	完成时间：
任务名称：混凝土配合比设计试验		组长签字：	教师签字：
类别	内容	学生总结	教师点评
知识点	混凝土配合比		
	混凝土配合比设计步骤		
	配合比的适配调整		
技能点	进行混凝土配合比计算		
	正确进行适配		
	准确进行配合比调整		
反思			

项目6

砂浆检测

项目描述

对砂浆相关技术指标进行检测。

项目要求

对砂浆相关的技术指标进行检测，检测仪器、检测方法、检测步骤等需严格遵循国家标准及行业规范。同时做好安全防护，正确使用仪器和工具，完成建筑砂浆稠度检测、砂浆保水性试验、砂浆强度检测等任务，另外还要学习掌握砂浆配合比设计的计算方法和步骤。

学习目标

1. 素质目标

(1)具有正确的世界观、人生观、价值观，具有深厚的爱国情感和中华民族自豪感；

(2)具有良好的职业道德和职业素养，诚实守信、爱岗敬业；

(3)具有以目标为导向的集体意识和团队合作精神，能够进行有效的人际沟通和协作，能够与小组成员团结合作完成任务；

(4)具有安全意识和创新精神。

2. 知识目标

(1)掌握砂浆的组成、分类、特性及其试验条件；

(2)掌握砂浆拌和物制备方法；

(3)掌握砂浆稠度测定方法，并完成检测报告；

(4)掌握砂浆强度测定方法，并完成检测报告。

3. 能力目标

(1)具有制备砂浆拌和物的能力；

(2)具有完成砂浆稠度测定并出具检测报告的能力；

(3)具有完成砂浆强度测定并出具检测报告的能力。

项目引入

(1)学习载体

依据相关标准对建筑砂浆技术指标进行检测。

(2)相关标准

《建筑砂浆基本性能试验方法标准》(JGJ/T 70—2009)；

《干混砂浆物理性能试验方法》(GB/T 29756—2013)。

(3)案例引入

某工程在施工过程中，水泥砂浆面层起灰，其可能产生的原因有哪些？某工程建设项目新拌一批砌筑砂浆，根据项目建设工程施工质量验收标准规定，对该新拌砂浆进行和易性、强度检验，判断其是否满足相应的标准，是否满足该工程建设的相关指标。

上海中心大厦

上海中心大厦是上海市的一座高层地标式摩天大楼，总高为 632 m。它是绿色建筑、智慧建筑、人文建筑。

上海中心大厦有两个玻璃正面，一内一外，主体形状为内圆、外三角。玻璃正面之间存在一定距离，为空中大厅提供空间，同时充当一个类似热水瓶的隔热层，降低整座大楼的供暖和冷气需求。降低摩天楼的能耗不仅有利于保护环境，同时也让这种大型建筑项目更具有经济可行性。大厦主楼底板混凝土浇筑施工难点高，主楼深基坑是超深、超大、无横梁支承的单体建筑基坑，底板是一块直径 121 m、厚 6 m 的圆形钢筋混凝土平台，其施工难度之大，对混凝土的供应和浇筑工艺都是极大的挑战。大厦造型也极大程度地满足了节能的需要，螺旋式上升的造型延缓了风流，使得建筑能够经得起台风的考验。

任务 6.1　新拌砂浆稠度试验

6.1.1　新拌砂浆稠度试验操作步骤

1. 检测目的及依据

通过砂浆稠度仪检测新拌砂浆的稠度，评定新拌砂浆的流动性是否符合要求。新拌砂浆稠度试验测定依据《建筑砂浆基本性能试验方法标准》(JGJ/T 70—2009)进行。

2. 主要仪器设备

新拌砂浆稠度试验的主要仪器设备见表 6.1.1。

表 6.1.1　新拌砂浆稠度试验仪器设备

仪器名称	仪器图片	仪器名称	仪器图片
砂浆搅拌机(搅拌叶转速 35 r/min，电压 380 V)		砂浆稠度仪(由试锥、容器和支座三部分组成)	

续上表

仪器名称	仪器图片	仪器名称	仪器图片
钢制捣棒(直径 10 mm、长 350 mm,端部磨圆)		秒表	
铁铲		磅秤(量程 50 kg,精确度 50 g)	
料铲		铁盘	

3. 试验步骤

(1)准备砂浆拌和物

①砂浆取样

建筑砂浆试验用料应从同一盘砂浆或同一车砂浆中取样,取样量应不少于试验所需量的4倍。

施工中取样进行砂浆试验时,其取样方法和原则应按相应的施工验收规范执行。一般在使用地点的砂浆槽、砂浆运送车或搅拌机出料口,至少从三个不同部位取样。现场取来的试样,试验前应人工搅拌均匀。

从取样完毕到开始进行各项性能试验不宜超过 15 min。

②砂浆制备

在试验室制备砂浆拌和物时,所用材料应提前 24 h 运入室内。拌和时试验室的温度应保持在 20 ℃±5 ℃。需要模拟施工条件下所用的砂浆时,所用原材料的温度宜与施工现场保持一致。试验所用原材料应与现场使用材料一致,砂应通过公称粒径 5 mm 筛。试验室拌制砂浆时,材料用量应以质量计。称量精确度:水泥、外加剂、掺合料等为±0.5%;砂为±1%。

在试验室搅拌砂浆时应采用机械搅拌,搅拌机应符合《试验用砂浆搅拌机》(JG/T 3033—1996)的规定。

(2)试验步骤

①用少量润滑油轻擦滑杆,再将滑杆上多余的油用吸油纸擦净,使滑杆能自由滑动。

②用湿布擦净盛浆容器和试锥表面,将砂浆拌和物一次装入容器,使砂浆表面低于容器口10 mm左右。用捣棒自容器中心向边缘均匀地插捣25次,然后轻轻地将容器摇动或敲击5~6下,使砂浆表面平整,然后将容器置于稠度测定仪的底座上。

③拧松制动螺钉,向下移动滑杆,当试锥尖端与砂浆表面刚接触时,拧紧制动螺钉,使齿条测杆下端刚接触滑杆上端,读出刻度盘上的读数(精确至1 mm)。

④拧松制动螺钉,同时计时间,10 s时立即拧紧螺钉,将齿条测杆下端接触滑杆上端,从刻度盘上读出下沉深度(精确至1 mm),二次读数的差值即为砂浆的稠度值。

⑤盛装容器内的砂浆,只允许测定一次稠度,重复测定时,应重新取样测定。

(3)结果计算及处理

①取两次试验结果的算术平均值,精确至1 mm。

②如两次试验值之差大于10 mm,应重新取样测定。

6.1.2 砂浆的相关知识

1. 砂浆的定义

砂浆是由胶结料、细骨料、掺合料和水配制而成的建筑工程材料,在建筑工程中起衬垫和传递应力的作用。

建筑砂浆是将砌筑块体材料(砖、石、砌块)黏结为整体的砂浆,是由无机胶凝材料、细骨料和水(有时也掺入某些掺合料)组成,常以抗压强度作为最主要的技术性能指标。建筑砂浆分为施工现场拌制的砂浆或由专业生产厂生产的商品砂浆。商品砂浆是由专业生产厂生产的湿拌砂浆或干混砂浆。

(1)湿拌砂浆

湿拌砂浆是由水泥、细集料、保水增稠材料、外加剂和水以及根据需要掺入的矿物、掺合料等组分,按一定比例在搅拌站经计量、拌制后采用搅拌运输车运送至使用地点,放入专用容器储存,并在规定时间内使用完毕的砂浆拌和物。

(2)干混砂浆

干混砂浆是经干燥、筛分处理的细集料与水泥、保水增稠材料以及根据需要掺入的外加剂、矿物掺合料等组分,按一定比例在专业生产厂混合而成的固态混合物,在使用地点按规定比例加水或配套液体拌和使用。

2. 砂浆的分类

(1)湿拌砂浆分类和代号

湿拌砂浆按用途分为湿拌砌筑砂浆、湿拌抹灰砂浆、湿拌地面砂浆和湿拌防水砂浆,其代号见表6.1.2。

表6.1.2 湿拌砂浆品种和代号

品种	湿拌砌筑砂浆	湿拌抹灰砂浆	湿拌地面砂浆	湿拌防水砂浆
代号	WM	WP	WS	WW

湿拌砂浆按强度等级、抗渗等级、稠度和保塑时间的分类见表 6.1.3。

表 6.1.3 湿拌砂浆分类

项目	湿拌砌筑砂浆	湿拌抹灰砂浆		湿拌地面砂浆	湿拌防水砂浆
		普通抹灰砂浆(G)	机喷抹灰砂浆(S)		
强度等级	M5、M7.5、M10、M15、M20、M25、M30	M5、M7.5、M10、M15、M20		M15、M20、M25	M15、M20
抗渗等级	—	—		—	P6、P8、P10
稠度(mm)	50、70、90	70、90、100	90、100	50	50、70、90
保塑时间(h)	6、8、12、24	6、8、12、24		4、6、8	6、8、12、24

注:稠度可根据现场气候条件或施工要求确定。

(2)干混砂浆分类和代号

干混砂浆的品种及代号见表 6.1.4,其中干混砌筑砂浆按施工厚度分为普通砌筑砂浆和薄层砌筑砂浆,干混抹灰砂浆按施工厚度或施工方法分为普通抹灰砂浆、薄层抹灰砂浆和机喷抹灰砂浆,其型号见表 6.1.4。

表 6.1.4 干混砂浆的品种及代号

品种	干混砌筑砂浆	干混抹灰砂浆	干混地面砂浆	干混普通防水砂浆	干混陶瓷砖黏结砂浆	干混界面砂浆
代号	DM	DP	DS	DW	DTA	DIT
品种	干混聚合物水泥防水砂浆	干混自流平砂浆	干混耐磨地坪砂浆	干混填缝砂浆	干混饰面砂浆	干混修补砂浆
代号	DWS	DSL	DFH	DTG	DDR	DRM

干混砌筑砂浆、干混抹灰砂浆、干混地面砂浆和干混普通防水砂浆按强度等级、抗渗等级的分类见表 6.1.5。

表 6.1.5 部分干混砂浆分类

项目	干混砌筑砂浆		干混抹灰砂浆			干混地面砂浆	干混普通防水砂浆
	普通砌筑砂浆(G)	薄层砌筑砂浆(T)	普通抹灰砂浆(G)	薄层抹灰砂浆(T)	机喷抹灰砂浆(S)		
强度等级	M5、M7.5、M10、M15、M20、M25、M30	M5、M10	M5、M7.5、M10、M15、M20	M5、M7.5、M10、	M5、M7.5、M10、M15、M20	M15、M20、M25	M15、M20
抗渗等级	—	—	—	—	—	—	P6、P8、P10

(3)砂浆标记

湿拌砂浆按下列顺序标记：湿拌砂浆代号、型号、强度等级、抗渗等级(有要求时)、稠度、保塑时间、标准号。示例：湿拌普通抹灰砂浆的强度等级为M10，稠度为70 mm，保塑时间为8 h，其标记为：WP-G M10-70-8 GB/T 25181—2019。

干混砂浆按下列顺序标记：干混砂浆代号、型号、主要性能、标准号。示例：干混机喷抹灰砂浆的强度等级为M10，其标记为：DP-S M10 GB/T 25181—2019。

3. 砂浆的组成材料

建筑砂浆的组成材料主要有胶结材料、砂、掺加料、水和外加剂等。

建筑砂浆常用的胶结材料有水泥、石灰、石膏等。在选用时应根据使用环境、用途等合理选择。在干燥条件下使用的砂浆即可选用气硬性胶凝材料(石灰、石膏)，也可选用水硬性胶凝材料(水泥)；若在潮湿环境或水中使用的砂浆则必须选用水泥作为胶结材料。砌筑砂浆用的水泥宜采用通用硅酸盐水泥或砌筑水泥。水泥的强度等级应根据砂浆品种及强度等级的要求进行选择。

拌制水泥混合砂浆的粉煤灰、建筑生石灰、建筑生石灰粉质量应符合相关标准规定，建筑生石灰、建筑生石灰粉熟化成石灰膏，其熟化时间分别不得少于7 d和2 d；沉淀池中储存的石灰膏，应防止干燥、冻结和污染，严禁采用脱水硬化的石灰膏。建筑生石灰粉、消石灰粉不得替代石灰膏配制水泥石灰砂浆。石灰膏的用量，应按(120±5)mm计量。砂浆用砂宜采用过筛中砂。机制砂、山砂及特细砂经试配应能满足砂浆技术条件要求。

4. 砂浆拌和物的和易性

砂浆拌和物与混凝土拌和物相似，应具有良好的和易性。砂浆和易性指砂浆拌和物是否便于施工操作，并能保证质量均匀的综合性质，包括流动性和保水性两个方面。

(1)流动性

砂浆的流动性指砂浆在自重或外力作用下流动的性能，也称为稠度。

稠度是以砂浆稠度测定仪的圆锥体沉入砂浆内深度(mm)表示。圆锥沉入深度越大，砂浆的流动性越大。若流动性过大，砂浆易分层、析水；若流动性过小，则不便施工操作，灰缝不易填充，所以新拌砂浆应具有适宜的稠度。

(2)保水性

保水性指砂浆拌和物保持水分的能力。保水性好的砂浆在存放、运输和使用过程中能很好地保持水分不致很快流失，各组分不易分离，在砌筑过程中容易铺成均匀密实的砂浆层，能使胶结材料正常水化，最终保证工程质量。砂浆的保水性用保水率表示。

5. 砂浆稠度

影响砂浆稠度的因素有：所用胶凝材料种类及数量，用水量，掺加料的种类与数量，砂的形状粗细与级配，外加剂的种类与掺量，搅拌时间。

砂浆稠度的选择，应与砌体材料的种类、施工条件及气候条件等有关。对于吸水性强的砌体材料和高温干燥的天气，要求砂浆稠度要大些，反之，对于密实不吸水的砌体材料和湿冷天气，砂浆稠度可小些。砌筑砂浆稠度应按要求选用，见表6.1.6。

表 6.1.6 砌筑砂浆的稠度

砌体种类	施工稠度(mm)
烧结普通砖砌体、蒸压粉煤灰砖砌体	70～90
混凝土实心砖、混凝土多孔砖砌体、普通混凝土小型空心砌块砌体、蒸压灰砂砖砌体	50～70
烧结多孔砖、空心砖砌体、轻骨料小型空心砌块砌体、蒸压加气混凝土砌块砌体	60～80
石砌体	30～50

6.1.3 任务测评

1. 素质测评

砂浆稠度试验的素养点,做到即得分,未做到即零分,见表 6.1.7。

表 6.1.7 砂浆稠度试验素质测评表

序号	素养点	配分	得分
1	安全意识,试验时做好安全防护	20	
2	仪器、设备及工具安全检查	20	
3	仪器、工具、试验台清洁及整理	20	
4	节约环保意识,试验过程节约原料和能源	20	
5	试验过程合理的时间控制	20	
总分		100	

2. 知识测评

确定本任务关键词,按重要程度进行关键词排序并举例解读。

学生根据对本次任务重要信息捕捉、排序、表达、创新和划分权重能力进行自评,满分 100 分,见表 6.1.8。

表 6.1.8 砂浆稠度试验知识测评表

序号	关键词	举例解读	评分
1			
2			
3			
总分			

3. 能力测评

测定砂浆拌和物稠度,并填写试验报告,见表 6.1.9。本任务所列内容,操作规范即得分,操作错误或未操作即零分,见表 6.1.10。

表 6.1.9 砂浆稠度试验报告

砂浆种类		强度等级		代表批量(t)	
检测项目	标准要求		检测结果		平均值
稠度(mm)					
依据标准					
检测结论					
备注					

表 6.1.10 砂浆稠度试验能力测评表

序号	技能点	配分	得分
1	准备原材料	10	
2	制备砂浆	20	
3	测定稠度	30	
4	记录稠度值	20	
5	清理桌面	20	
总分		100	

4. 拓展训练

(1)请列举建筑砂浆稠度检测过程中易出现的问题,分析产生问题的原因,并制定解决措施。

(2)总结砂浆稠度仪使用过程中的注意事项。

(3)请绘制思维导图,按照学习目标三要素,对砂浆稠度试验的学习收获进行总结。

6.1.4 任务总结与反思

完成任务总结报告,见表 6.1.11。

表 6.1.11 任务总结报告

班级:	姓名:	学号:	完成时间:
任务名称:砂浆稠度测定		组长签字:	教师签字:
类别	内容	学生总结	教师点评
知识点	砂浆流动性		
	砂浆的稠度		
技能点	正确使用天平		
	正确配制砂浆		
	正确使用稠度仪		
	正确清理仪器		
	数据整理		
反思			

任务6.2 砂浆强度检测

6.2.1 砂浆强度试验操作步骤

1. 检测目的及依据

通过对砂浆进行抗压强度检测，定量表示砂浆强度的大小，判定该建筑砂浆是否符合力学性能要求。

砂浆立方体抗压强度试验测定依据《建筑砂浆基本性能试验方法标准》(JGJ/T 70—2009)进行。

2. 主要仪器设备

砂浆强度检测的主要仪器设备见表6.2.1。

表6.2.1 砂浆强度检测仪器设备

仪器名称	仪器图片
砂浆试模(尺寸为70.7 mm×70.7 mm×70.7 mm的带底试模)	
钢制捣棒(直径10 mm、长350 mm，端部磨圆)	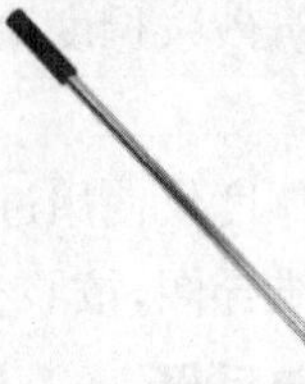
料铲	
抹刀	
压力试验机	

续上表

仪器名称	仪器图片
振动台	

3. 试验步骤

1)试件制作及养护

立方体抗压强度试件的制作及养护应按下列步骤进行：

(1)采用立方体试件，每组试件3个。

(2)使用黄油等密封材料涂抹试模的外接缝，试模内涂刷薄层机油或脱模剂，将拌制好的砂浆一次性装满砂浆试模，成型方法根据稠度而定。当稠度≥50 mm时采用人工振捣成型，当稠度<50 mm时采用振动台振实成型。

①人工振捣：用捣棒均匀地由边缘向中心按螺旋方式插捣25次，插捣过程中如砂浆沉落低于试模口，应随时添加砂浆，可用油灰刀插捣数次，并用手将试模一边抬高5～10 mm各振动5次，使砂浆高出试模顶面6～8 mm。

②机械振动：将砂浆一次装满试模，放置到振动台上，振动时试模不得跳动，振动5～10 s或持续到表面出浆为止，不得过振。

(3)待表面水分稍干后，将高出试模部分的砂浆沿试模顶面刮去并抹平。

(4)试件制作后应在室温为20 ℃±5 ℃的环境下静置24 h±2 h，当气温较低时，可适当延长时间，但不应超过两昼夜，然后对试件进行编号、拆模。试件拆模后应立即放入温度为20 ℃±2 ℃、相对湿度为90%以上的标准养护室中养护。养护期间，试件彼此间隔不小于10 mm，混合砂浆试件表面应遮盖，以防有水滴在试件上。

2)抗压强度测定试验步骤

砂浆立方体试件抗压强度试验应按下列步骤进行：

(1)试件从养护地点取出后应及时进行试验。试验前将试件表面擦拭干净，测量尺寸，并检查其外观。据此计算试件的承压面积，如实测尺寸与公称尺寸之差不超过1 mm，可按公称尺寸进行计算。

(2)将试件安放在试验机的下压板(或下垫板)上，试件的承压面应与成型时的顶面垂直，试件中心应与试验机下压板(或下垫板)中心对准。开动试验机，当上压板与试件(或上垫板)接近时，调整球座，使接触面均衡受压。承压试验应连续而均匀地加荷，加荷速度应为0.25～1.5 kN/s(砂浆强度不大于5 MPa时，宜取下限，砂浆强度大于5 MPa时，宜取上限)，当试件接近破坏而开始迅速变形时，停止调整试验机油门，直至试件破坏，然后记录破坏荷载。

(3)砂浆立方体抗压强度应按式(6.2.1)计算：

$$f_{m,cu}=\frac{N_u}{A} \tag{6.2.1}$$

式中 $f_{m,cu}$——砂浆立方体试件抗压强度，MPa；

N_u——试件破坏荷载，N；

A——试件承压面积，mm^2。

砂浆立方体试件抗压强度应精确至 0.1 MPa。

以三个试件测值的算术平均值的 1.3 倍作为该组试件的砂浆立方体试件抗压强度平均值(精确至 0.1 MPa)。

当三个测值的最大值或最小值中如有一个与中间值的差值超过中间值的 15%时，则将最大值及最小值一并舍除，取中间值作为该组试件的抗压强度值；如有两个测值与中间值的差值均超过中间值的 15%时，则该组试件的试验结果无效。

6.2.2 砂浆强度试验相关知识

1. 砂浆抗压强度

砌筑砂浆的强度用强度等级来表示。砂浆强度等级是以边长为 70.7 mm 的立方体试块，在标准养护条件下，用标准试验方法测得 28 d 龄期的抗压强度值(MPa)确定。标准养护条件为：温度 20 ℃±3 ℃；相对湿度：水泥砂浆大于 90%，水泥混合砂浆 60%～80%。

砌筑砂浆强度等级可分为 M30、M25、M20、M15、M10、M7.5、M5。水泥混合砂浆强度等级可分为 M15、M10、M7.5、M5。

2. 砂浆黏结强度

砂浆与砌体材料的黏结力大小，对砌体的强度、耐久性、抗振性都有较大影响。影响砂浆黏结力的因素有：(1)抗压强度。抗压强度越高，与砖石的黏结力也越大。(2)砖石的表面状态、清洁程度、湿润状况。例如砌筑加气混凝土砌块前，表面先洒水，清扫表面，都可以提高砂浆与砌块的黏结力，提高砌体质量。(3)施工操作水平及养护条件。

6.2.3 任务测评

1. 素质测评

砂浆强度检测的素养点，做到即得分，未做到即零分，见表 6.2.2。

表 6.2.2 砂浆强度试验素质测评表

序号	素养点	配分	得分
1	合作意识	20	
2	仪器、设备安全检查	20	
3	试验台清洁及整理	20	
4	节约环保意识，试样的回收再利用	20	
5	试验过程合理的时间控制	20	
总分		100	

2. 知识测评

确定本任务关键词，按重要程度进行关键词排序并举例解读。

学生根据对本次任务重要信息捕捉、排序、表达、创新和划分权重能力进行自评，满分

100分，见表6.2.3。

表6.2.3　砂浆强度试验知识测评表

序号	关键词	举例解读	评分
1			
2			
3			
总分			

3. 能力测评

测定砂浆抗压强度，填写检测报告，见表6.2.4。本任务所列内容，操作规范即得分，操作错误或未操作即零分，见表6.2.5。

表6.2.4　砂浆抗压强度检测报告

砂浆种类		强度等级	
抗压强度	破坏荷载(kN)	抗压强度(MPa)	平均值(MPa)
依据标准			
检测结论			
备注			

表6.2.5　砂浆强度试验能力测评表

序号	技能点	配分	得分
1	准备原材料	10	
2	制备砂浆	20	
3	测定抗压强度	30	
4	计算强度	20	
5	清理桌面	20	
总分		100	

4. 拓展训练

(1)请列举建筑砂浆强度试验过程中易出现的问题，分析产生问题的原因，并制定解决措施。

(2)总结砂浆强度试验操作要点。

(3)请绘制思维导图，按照学习目标三要素，对砂浆强度试验的学习收获进行总结。

6.2.4　任务总结与反思

完成任务总结报告，见表6.2.6。

表 6.2.6 任务总结报告

班级：	姓名：	学号：	完成时间：
任务名称：砂浆强度测定		组长签字：	教师签字：
类别	内容	学生总结	教师点评
知识点	砂浆的抗压强度		
	砂浆的强度等级		
技能点	正确使用天平		
	正确配制砂浆		
	正确使用压力机		
	正确清理桌面		
	数据整理		
反思			

项目7

钢材检测

项目描述

对工程常用建筑钢材的相关技术指标进行检测。

项目要求

对钢材技术指标进行检测，检测仪器、检测方法、检测步骤等需严格遵循国家标准及行业规范。同时做好安全防护，正确使用仪器和工具，完成钢材取样、钢材的拉伸试验、弯曲试验等任务。

学习目标

1. 素质目标

(1)具有正确的世界观、人生观、价值观，具有深厚的爱国情感和中华民族自豪感；

(2)具有良好的职业道德和职业素养，诚实守信、爱岗敬业；

(3)具有以目标为导向的集体意识和团队合作精神，能够进行有效的人际沟通和协作，能够与小组成员团结合作完成任务；

(4)具有安全意识和创新精神。

2. 知识目标

(1)掌握钢材拉伸性能的测定方法，并完成检测报告；

(2)掌握钢材弯曲性能的测定方法，并完成检测报告。

3. 能力目标

(1)具有完成钢材拉伸性能测定并出具检测报告的能力；

(2)具有完成钢材弯曲性能测定并出具检测报告的能力。

项目引入

(1)学习载体

按标准学习建筑钢材取样及技术指标的检测方法。

(2)相关标准

《金属材料 拉伸试验 第1部分:室温试验方法》(GB/T 228.1—2021);

《金属材料 弯曲试验方法》(GB/T 232—2010)。

(3)案例引入

某建设项目进场一批钢筋,钢筋型号为HRB400。请划分检验批,并对该批钢筋进行编号取样,根据项目建设工程施工质量验收标准的规定,对钢筋的拉伸性能、冷弯性能等指标进行检测,判定是否合格。

智能化建筑材料

智能化建筑材料是指材料本身具有自我诊断和预告失效、自我调节和自我修复的功能,并可继续使用的建筑材料。当这类材料的内部发生异常变化时,能将材料的内部状况反映出来,以便在材料失效前采取措施,甚至材料能够在材料失效初期自动进行自我调节,恢复材料的使用功能。

例如自修复混凝土材料,当部分建筑物已完工,受到动荷载作用后,可能会产生不利的裂纹,对抗振尤其不利。自修复混凝土若克服此缺点,大幅度提高建筑物的抗振能力。把低模量黏结剂填入中空玻璃纤维,并使黏结剂在混凝土中长期保持性能,当结构开裂,玻璃纤维断裂,黏结剂释放,黏结裂缝。

随着社会的发展和科学技术的进步,人们对自身生活环境质量改善的要求越来越高,建筑功能材料的发展也随之不断进步,要真正实现建筑材料的多种功能于一体的健康环保材料的生产和应用,需要建筑材料的研究者、生产者、使用者共同努力,实现建筑功能材料的生产和使用的可持续发展。

任务7.1 钢材拉伸试验

7.1.1 钢材拉伸试验

钢材的拉伸试验依据《金属材料 拉伸试验 第1部分:室温试验方法》(GB/T 228.1—2021)。拉伸试验所用试样的形状与尺寸主要取决于被检测的金属产品的形状和尺寸。通常从产品、压制坯或铸件切取样坯经机械加工制成,但具有恒定截面的产品和铸造试样可以不经过加工而直接进行试验。试样横截面可以为圆形、矩形、多边形、环形,特殊情况下可以为其他形状。

试样原始标距和原始横截面积有 $L_0=k\sqrt{S_0}$ 关系者称为比例试样。国际上使用的比例系数 k 的值为5.65,原始标距应不小于15 mm。当试样横截面积太小,以致采用比例系数 k 为5.65的值不能符合这一最小标距要求时,可以采用较高的值(优先采用11.3)或采用非比例试样。非比例试样的原始标距(L_0)与其原始横截面积(S_0)无关。

如果试样的夹持端与平行长度的尺寸不相同,它们之间应以过渡弧连接。夹持端的形状应适合试验机的夹头,试样轴线应与力的作用线重合。试样平行长度 L_0 或试样不具有过渡弧时夹头间的自由长度应大于原始标距 L_0。如试样未经过机械加工或为截取材料的一段长度,两夹头间的自由长度应足够,以使原始标距的标记与夹头有合理的距离。

(1)主要仪器设备

①万能材料试验机如图 7.1.1 所示,试验机的测力示值误差不大于 1%。

②游标卡尺如图 7.1.2 所示。

③其他还有电动钢筋打点标距仪(图 7.1.3)或手锉刀等。

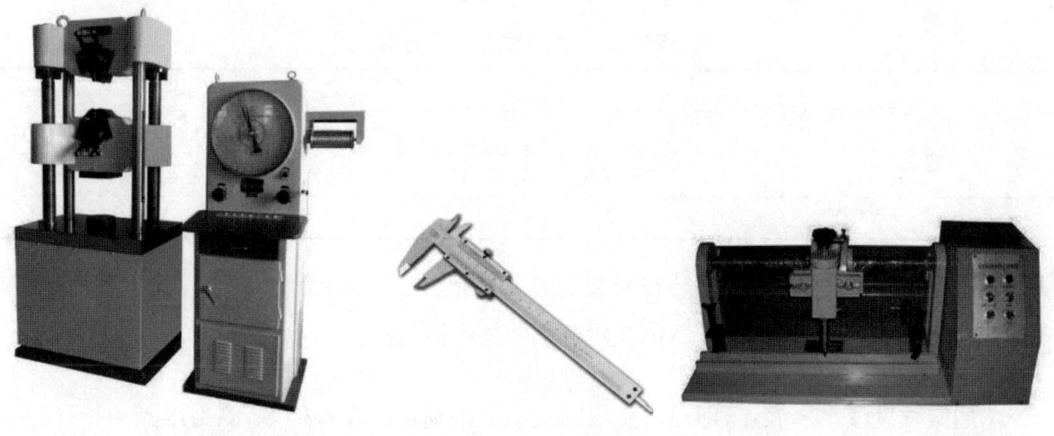

图 7.1.1 万能材料试验机　　图 7.1.2 游标卡尺　　图 7.1.3 电动钢筋打点标距仪

(2)试验步骤

①测定原始横截面积(S_0):

原始横截面积是平均横截面积,应根据测量的尺寸计算。原始横截面积 S_0 的测定应准确到±2%,当误差的主要部分是由于试样厚度的测量所引起的,宽度的测量误差不应超过±0.2%,应在试样标距的两端及中间三处测量宽度和厚度,取用三处测得的最小横截面积,并至少保留 4 位有效数字。计算钢筋强度的横截面积可采用已给出的公称横截面积,见表 7.1.1。

表 7.1.1 钢筋的公称横截面积

公称直径(mm)	公称横截面积(mm^2)	公称直径(mm)	公称横截面积(mm^2)
8	50.27	22	380.1
10	78.54	25	490.9
12	113.1	28	615.8
14	153.9	32	804.2
16	201.1	36	1 018
18	254.5	40	1 257
20	314.2	50	1 964

②原始标距(L_0)的标记：

拉伸试验用试件可以用两个或一系列等分小冲点或细画线标出原始标距(标记不应影响试样断裂处)，也可以用手锉刀刻画标记，测量标距长度 L_0(精确至 0.1 mm)。

对于比例试样，如果原始标距的计算值小于原始标距标记值 L_0 的 10%，应将原始标距的计算值修约至最接近 5 mm 的倍数，中间数值向较大一方修约。原始标距的标记应精确至±1%。

③将试样安装夹头，上、下夹头必须持紧，在试验机夹具上方可开始加载。根据要求，记录所需测量的试验力值。试验速率取决于材料特性并应符合要求，见表 7.1.2。

表 7.1.2 拉伸试验应力速率

材料弹性模量 **E**(GPa)	应力速率(MPa/s)	
	最大	最大
<150	2	20
≥150	6	60

④试验拉断后，将其断裂部分在断裂处紧密对接在一起，尽量使其轴线位于一直线上，如拉断处形成缝隙，则缝隙应计入试样拉断后的标距内。

(3)结果处理

①屈服强度按下屈服点，即屈服阶段的最小值来确定。在拉伸中，测力度盘的指针停止转动时的恒定荷载，或第一次回转时的最小荷载(或数值出现波动阶段的最小值)，即为所求的屈服点荷载。屈服强度 R_e 按式(7.1.1)计算：

$$R_e=\frac{F_{eL}}{S_0} \tag{7.1.1}$$

式中 R_e——屈服强度，MPa；

F_{eL}——下屈服点的荷载值，N；

S_0——试样的初始截面积，mm^2。

②抗拉强度按式(7.1.2)计算：

$$R_b=\frac{F_b}{S_0} \tag{7.1.2}$$

式中 R_b——抗拉强度，MPa；

F_b——最大荷载值，N。

③计算断后伸长率：

a. 如拉断处到邻近的标距点的距离大于 $L_0/3$ 时，可用卡尺直接量出已被拉长的标距长度 L_1(mm)。

b. 如拉断处到邻近的标距端点的距离小于或等于 $L_0/3$，可按下述移位法确定 L_1：

在长段上，从拉断处 O 取基本等于短段格数，得 B 点，接着取等于长段所余格数[偶数，如图 7.1.4(a)所示]之半，得 C 点；或者取所余格数[奇数，如图 7.1.4(b)所示]减 1 与加 1 之半，得 C 与 C_1 点。移位后的 L_1 分别为 $AO+OB+2BC$(偶数)或者 $AO+OB+BC+BC_1$(奇数)。

如果直接量测所求得的伸长率能达到技术条件的规定值，则可不采用移位法。

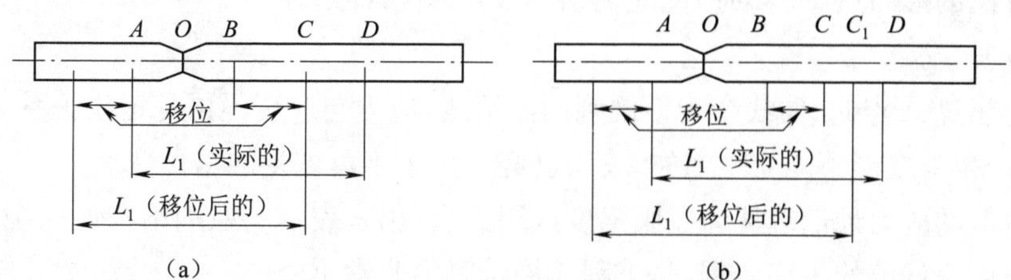

图 7.1.4　用移位法计算标距

c. 断后伸长率的计算按式(7.1.3)进行：

$$A=\frac{L_1-L_0}{L_0}\times 100\% \tag{7.1.3}$$

式中　A——断后伸长率；

L_1——断后标距，mm；

L_0——原始标距，mm。

④计算断面收缩率：

对于圆形横截面试样，在缩颈最小处相互垂直方向测量直径，取其算术平均值计算最小横截面积；对于矩形横截面试样，测量缩颈处的最大宽度和最小厚度，两者之乘积为断后最小横截面积。断面收缩率按式(7.1.4)计算：

$$Z=\frac{S_0-S_u}{S_0}\times 100\% \tag{7.1.4}$$

式中　Z——断面收缩率；

S_u——断后最小横截面积，mm。

⑤如试件在标距端点上或标距处断裂，则试验结果无效，应重做试验。

7.1.2　钢材拉伸性能相关知识

钢材的技术性能包括力学性能、工艺性能和化学性能。力学性能是指钢材在外力作用下表现出来的特性，是衡量钢材性能好坏的重要指标之一。

抗拉性能是钢材的重要性能，也是力学性能中具有代表性的一项，可通过低碳钢单向静力拉伸试验测定。根据拉伸试验得到的数据，绘制出应力—应变曲线，如图 7.1.5 所示。

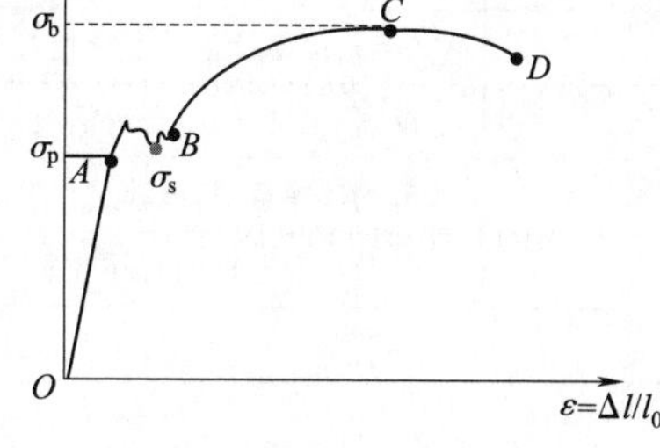

图 7.1.5　应力—应变曲线

曲线可分为四个阶段：弹性阶段（OA）、屈服阶段（AB）、强化阶段（BC）和颈缩阶段（CD）。

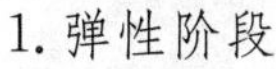
1. 弹性阶段

在此阶段的任一时刻如卸去荷载，试件能恢复原状，故发生的是弹性变形。OA 段为一条直线，说明应力与应变成正比，比值称为弹性模量 E。弹性模量反映钢材抵抗弹性变形的能力，弹性模量越大，说明钢材抵抗变形的能力越强。

弹性阶段的最高点 A 点对应的应力值(σ_p)为弹性极限。

2. 屈服阶段

当应力超过 A 点时，曲线变为不规则的波浪线，应力与应变不再是正比关系。此时取消荷载，受力产生的变形不能完全消失，表明已经产生了不可恢复的塑性变形。

该阶段低的应力最低端称为屈服强度或屈服点，用 σ_s 表示。在钢结构设计中，屈服点是确定钢材强度设计值的主要依据，是工程结构计算中非常重要的一个参数。

3. 强化阶段

钢材超过屈服点后，又恢复了承载能力，此时的变形发展速度虽然较快，但却随着应力的提高而增加，故称为强化阶段。图中最高点 C 点对应的应力值 σ_b 为钢材的极限抗拉强度，简称抗拉强度，不能作为结构设计的取值依据。

屈服强度与抗拉强度之比称为屈强比(σ_s/σ_b)。屈强比是评价钢材利用率和安全可靠性的技术指标，屈强比越小，结构的安全可靠性好，但屈强比过小，钢材的利用率太低，会造成浪费，合理的屈强比是 0.60～0.75。

4. 颈缩阶段

钢材强化阶段达到 C 点后，试件应变继续增大，但应力逐渐下降，试件某一断面开始缩小，塑性变形急剧增加，产生颈缩现象，最终试件被拉断。

将拉断后的试件拼在一起，测试断后的标距长度，可计算断后伸长率和断面收缩率。断后伸长率和断面收缩率是评定钢材塑性的指标，反映钢材在破坏前可承受永久变形的能力。

7.1.3　任务测评

1. 素质测评

钢材拉伸试验的素养点，做到即得分，未做到即零分，见表 7.1.3。

表 7.1.3　钢材的拉伸试验素质测评表

序号	素养点	配分	得分
1	安全意识，试验时做好安全防护	20	
2	仪器、设备及工具安全检查	20	
3	仪器、工具、试验台清洁及整理	20	
4	节约环保意识，试验过程节约原料和能源	20	
5	试验过程合理的时间控制	20	
总分		100	

2. 知识测评

确定本任务关键词，按重要程度进行关键词排序并举例解读。

学生根据对本次任务重要信息捕捉、排序、表达、创新和划分权重能力进行自评，满分 100 分，见表 7.1.4。

表 7.1.4 钢材的拉伸试验知识测评表

序号	关键词	举例解读	评分
1			
2			
3			
总分			

3. 能力测评

对钢材试样进行拉伸试验，完成试验报告，见表 7.1.5。本任务所列内容，操作规范即得分，操作错误或未操作即零分，见表 7.1.6。

表 7.1.5 钢材的拉伸试验检测报告

钢材样品描述				
拉伸试验数据	试件编号	1	2	3
	原始横截面积 S_0(mm^2)			
	断后最小横截面积 S_u(mm^2)			
	原始标距 L_0(mm)			
	断后标距 L_1(mm)			
	屈服力 F_{eL}(kN)			
	拉断最大力 F_b(kN)			
	拉断位置			
	屈服点 R_e(MPa)			
	抗拉强度 R_b(MPa)			
	伸长率 A(%)			
	断面收缩率 Z(%)			
依据标准				
试验人		试验日期		
备　注				

表 7.1.6 钢材的拉伸试验能力测评表

序号	技能点	配分	得分
1	准确进行试件标距	20	
2	准确测试试件的直径并计算初始面积	20	
3	进行拉伸试验测定、记录数据	20	
4	准确测试断后标距与直径	20	
5	计算结果并提交试验报告	20	
总分		100	

4. 拓展训练

(1)请列举钢材的拉伸试验过程中的注意事项、出现的问题,分析产生问题的原因,并制定解决措施。

(2)根据要求用万能材料试验机进行钢材拉伸性能的测定。

(3)通过钢材的拉伸试验操作增强安全意识和质量意识。

7.1.4 任务总结与反思

完成任务总结报告,见表 7.1.7。

表 7.1.7 任务总结报告

班级:	姓名:	学号:	完成时间:
任务名称:钢材的拉伸试验		组长签字:	教师签字:
类别	内容	学生总结	教师点评
知识点	应力—应变曲线		
	屈服强度		
	抗拉强度		
	断后伸长率与断面收缩率		
技能点	使用钢筋标距仪		
	使用万能材料试验机		
	进行拉伸试验		
	数据整理		
反思			

任务 7.2 钢材弯曲试验

7.2.1 弯曲试验

弯曲试验是以圆形、方形、矩形或多边形横截面试样在弯曲装置上经受弯曲塑性变形,不改变加力方向,直至达到规定的弯曲角度,看弯曲处外表面是否有裂纹、起皮、断裂等现象,从而评价钢材的弯曲性能。弯曲试验依据《金属材料 弯曲试验方法》(GB/T 232—2010)进行检测。

(1)主要仪器设备

①压力机或万能材料试验机如图 7.2.1 所示,配有两个支辊和一个弯曲压头的支辊式弯曲装置、一个 V 形模具和一个弯曲压头的 V 形模具式弯曲装置、虎钳式弯曲装置。钢筋弯曲如图 7.2.2 所示。

②弯曲试验还应具有不同直径的弯心,如图 7.2.3 所示。

(2)试样准备

①试验使用圆形、方形、矩形或多边形横截面的试样。样坯的切取位置和方向应按照相

关产品标准的要求。试样应去除由于剪切或火焰切割或类似的操作而影响了材料性能的部分。如果试验结果不受影响，允许不去除试样影响的部分。

图7.2.1　万能材料试验机

图7.2.2　钢筋弯曲

图7.2.3　弯心

②试样表面不得有划痕和损伤。方形、矩形和多边形横截面试样的棱边应倒圆，倒圆半径应符合下列规定：

a. 当试样厚度小于10 mm，倒圆半径不应超过1 mm；

b. 当试样厚度大于或等于10 mm且小于50 mm，倒圆半径不应超过1.5 mm；

c. 当试样厚度不小于50 mm，倒圆半径不应超过3 mm。

棱边倒圆时不应形成影响试验结果的横向毛刺、伤痕或刻痕，如果试验结果不受影响，允许试样的棱边不倒圆。

③试样的宽度应按照相关产品标准的要求，如未具体规定，应按照以下要求：

a. 当产品宽度不大于20 mm时，试样宽度为原产品宽度；

b. 当产品宽度大于20 mm时，如果厚度小于3 mm时，试样宽度为(20±5)mm；如果厚度不小于3 mm时，试样宽度在20～50 mm之间。

④试样的厚度或直径应按照相关产品标准的要求，如未具体规定，应按照以下要求：

a. 对于板材、带材和型材，试样厚度应为原产品厚度。如果产品厚度大于25 mm，试样厚度可以机加工减薄不小于25 mm，并保留一侧原表面。弯曲试验时，试样保留的原表面应位于受拉变形一侧。

b. 直径(圆形横截面)或内切圆直径(多边横截面)不大于30 mm的产品，其试样横截面应为原产品的横截面。对于直径或多边形横截面内切圆直径超过30 mm但不大于50 mm的产品，可以将其加工成横截面内切圆直径不小于25 mm的试样。直径或多边形横截面内切圆直径大于50 mm的原产品，应将其机械加工成横截面内切圆直径不小于25 mm的试样，如图7.2.4所示。试验时试样未经机加工的原表面应置于受拉变形的一侧。

⑤试样的长度应根据试样的厚度(或直径)和所使用的试验设备确定。

(3)试验步骤

①试验一般在10～35 ℃的室温范围内进行，对温度要求严格的试验，试验温度应为(23±5)℃。

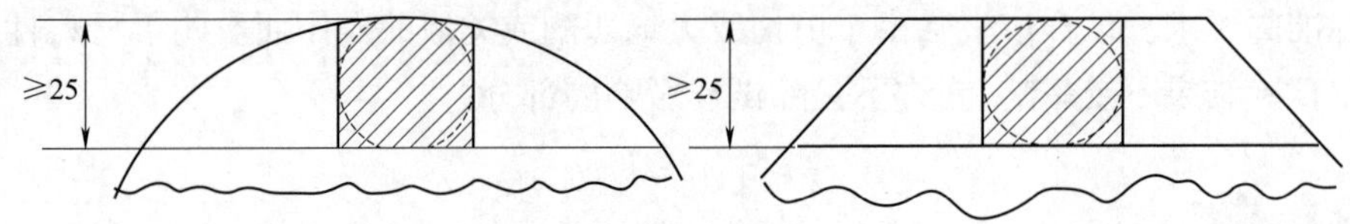

图 7.2.4　取样形状及位置(单位:mm)

②按照相关产品标准规定,采用下列方法之一完成试验:

a. 试样在给定的条件和力的作用下弯曲至规定的弯曲角度;

b. 试样在力的作用下弯曲至两臂相距规定距离且相互平行;

c. 试样在力的作用下弯曲至两臂直接接触。

③试样弯曲至规定弯曲角度的试验:将试样放于两支辊或 V 形模具上,试样轴线应与弯曲压头轴线垂直,弯曲压头在两支座之间的中点处对试样连续施加力使其弯曲,直至达到规定的弯曲角度。图 7.2.5 为支辊式弯曲装置,图 7.2.6 为 V 形模具式弯曲装置。弯曲角度 α 可以通过测量弯曲压头的位移计算得出;除此之外,还可以采用虎钳式弯曲装置(图 7.2.7)进行弯曲试验。试样一端固定,绕弯曲压头进行弯曲,可以绕过弯曲压头,直至达到规定的弯曲角度。

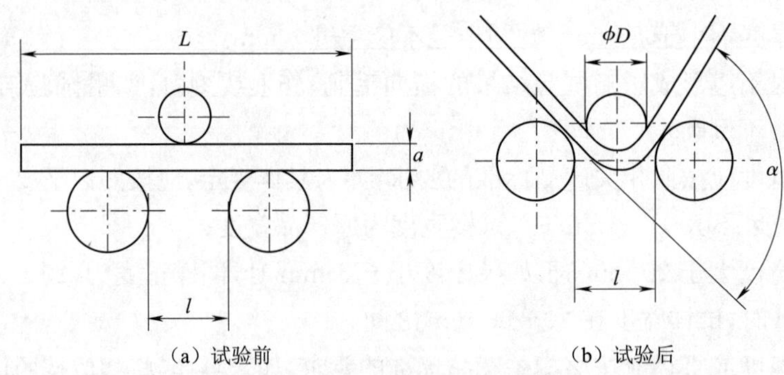

图 7.2.5　支辊式弯曲装置

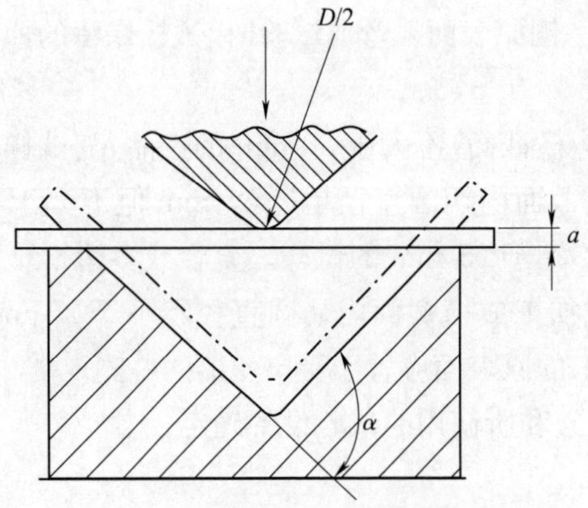

图 7.2.6　V 形模具式弯曲装置

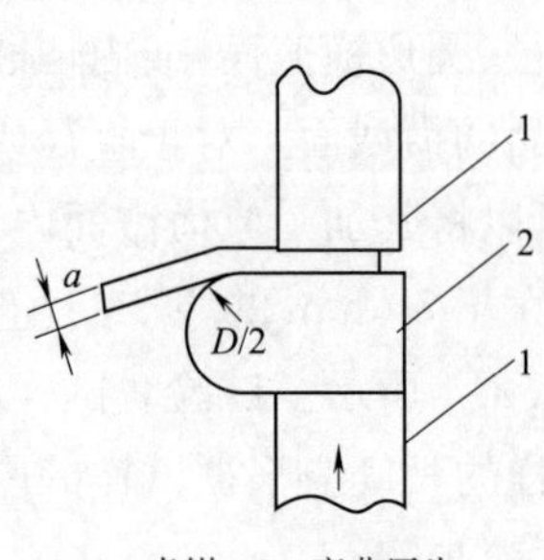

图 7.2.7　虎钳式弯曲装置

弯曲试验时，应当缓慢地施加弯曲力，以使材料能够自由地进行塑性变形。当出现争议时，试验速率应为(1±0.2)mm/s。使用上述方法如不能直接达到规定的弯曲角度，可将试样置于两平行压板之间(图7.2.8)，连续施加力压两端使其进一步弯曲，直至达到规定的弯曲角度。

④试样弯曲至两臂相互平行的试验：首先对试样进行初步弯曲，然后将试样置于两平行压板之间(图7.2.8)，连续施加力压两端使其进一步弯曲，直至两臂平行(图7.2.9)，试验时可以加或不加内置垫块。垫块厚度应等于规定的弯曲压头直径，除非产品标准中另有规定。

⑤试样弯曲至两臂直接接触的试验：首先对试样进行初步弯曲，然后将试样置于两平行压板之间，连续施加力压两端使其进一步弯曲，直至两臂直接接触(图7.2.10)。

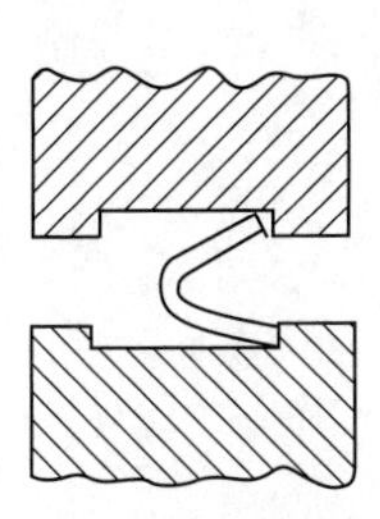

图7.2.8　试样置于两平行压板之间

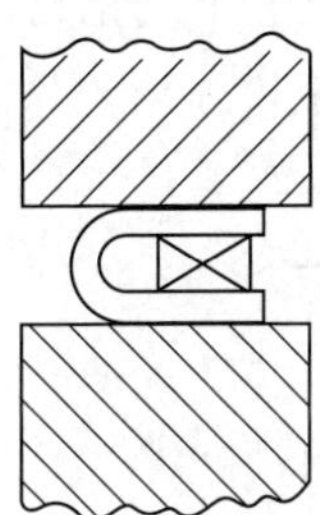

图7.2.9　试样弯曲至两臂平行

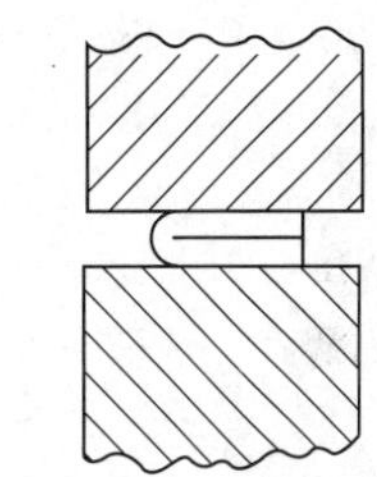

图7.2.10　试样弯曲至两臂直接接触

(4)结果评定

弯曲后，按有关标准规定检查试样弯曲外表面，进行结果评定。若无裂纹、裂缝或裂断，则评定试样合格。

7.2.2　钢材的工艺性能相关知识

建筑钢材不仅应具有优良的力学性能，还应有优良的工艺性能，以满足施工工艺的要求。良好的工艺性能，可以保证钢材能够顺利通过各种处理而不损坏。

1.冷弯性能

冷弯性能反映钢材在常温下承受弯曲变形的能力，是钢材重要的工艺性能。例如钢筋混凝土中的钢筋大都要进行弯曲加工，因此，钢筋必须满足冷弯性能的要求。

钢材的冷弯性能用弯曲的角度α、弯心直径d与试件直径(或厚度)a的比值来表示。弯曲的角度α越大，d/a值越小，表明钢材的冷弯性能越好。当按规定的α、d/a值对试件进行冷弯时，试件弯曲部位不产生裂纹、起层或断裂，即认为冷弯性能合格。

2.焊接性能

焊接性能又称可焊性，可焊性好的钢材易于用一般的焊接方法和焊接工艺施焊，焊接后不易形成裂纹、气孔、夹渣等缺陷，焊接接头牢固可靠，硬脆倾向小，焊缝及其附近热影响区的性能仍能保持与原有钢材相近的力学性能。

可焊性与钢的化学成分及含量、冶炼质量和冷加工等有关。一般含碳量$<0.25\%$的碳素钢具有良好的可焊性，含碳量超过0.3%时，可焊性变差。此外，钢材中的杂质元素会降低

其可焊性，尤其是硫元素能使焊缝处产生热裂纹并硬脆。

3. 钢材的冷加工及时效

钢材在常温下进行冷拉、冷拔或冷轧，产生塑性变形，从而提高屈服强度，塑性、韧性降低的现象称为冷加工强化。冷加工变形越大，强化越明显，屈服强度提高越多，而塑性和韧性下降也越大。

冷加工后的钢材在常温下存放 15～20 d 或在 100～200 ℃条件下存放 2 h，称为时效处理。前者为自然时效处理，后者为人工时效处理。钢材经时效处理后，屈服强度将进一步提高，抗拉强度、硬度也得到提高，但塑性和韧性将进一步降低。

钢材经冷拉和时效处理后的性能变化也明显反映在应力—应变曲线上（图 7.2.11），工程中常对钢筋进行冷拉或冷拔以达到提高钢材强度和节约钢材的目的。冷拉钢筋的屈服强度可提高 20%～25%，冷拔钢筋的屈服强度可提高 40%～90%。

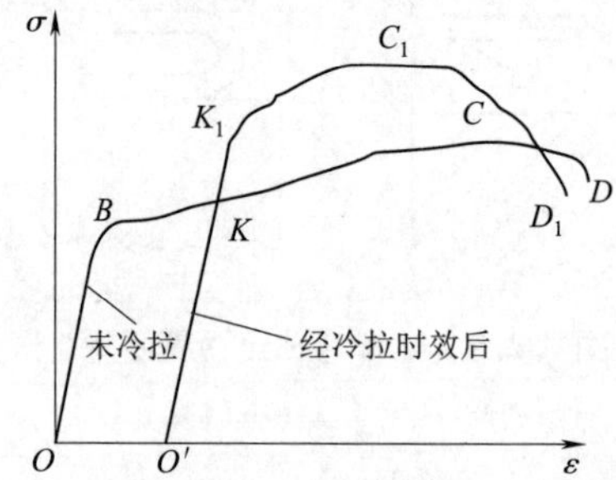

图 7.2.11 钢材冷拉及失效处理后的应力—应变曲线

7.2.3 任务测评

1. 素质测评

钢筋弯曲试验的素养点，做到即得分，未做到即零分，见表 7.2.1。

表 7.2.1 钢材的弯曲试验素质测评表

序号	素养点	配分	得分
1	安全意识，试验时做好安全防护	20	
2	仪器、设备及工具安全检查	20	
3	仪器、工具、试验台清洁及整理	20	
4	节约环保意识，试验过程节约原料和能源	20	
5	试验过程合理的时间控制	20	
总分		100	

2. 知识测评

确定本任务关键词，按重要程度进行关键词排序并举例解读。

学生根据对本次任务重要信息捕捉、排序、表达、创新和划分权重能力进行自评，满分 100 分，见表 7.2.2。

表 7.2.2 钢材的弯曲试验知识测评表

序号	关键词	举例解读	评分
1			
2			
3			
总分			

3. 能力测评

对钢材试样进行弯曲试验，完成试验报告，见表 7.2.3。本任务所列内容，操作规范即得分，操作错误或未操作即零分，见表 7.2.4。

表 7.2.3 钢材的弯曲试验报告

<table>
<tr><td>钢材样品描述</td><td colspan="3"></td></tr>
<tr><td rowspan="5">弯曲试验数据</td><td>试件编号</td><td>1</td><td>2</td></tr>
<tr><td>弯曲角度 α(°)</td><td></td><td></td></tr>
<tr><td>弯心直径 d(mm)</td><td></td><td></td></tr>
<tr><td>弯曲外表面描述</td><td></td><td></td></tr>
<tr><td>弯曲结果</td><td></td><td></td></tr>
<tr><td>依据标准</td><td colspan="3"></td></tr>
<tr><td>试验人</td><td></td><td>试验日期</td><td></td></tr>
<tr><td>备　注</td><td colspan="3"></td></tr>
</table>

表 7.2.4 钢材的弯曲试验能力测评表

序号	技能点	配分	得分
1	钢材弯曲试样准备	20	
2	试验机调试	20	
3	进行钢材弯曲试验	20	
4	试验结果观察	20	
5	填写并提交试验报告	20	
总分		100	

4. 拓展训练

(1)请列举钢材的弯曲试验过程中的注意事项、出现的问题，分析产生问题的原因，并制定解决措施。

(2)根据要求准备弯曲试件并测定其弯曲性能。

(3)通过钢材的弯曲试验增强安全意识和质量意识。

7.2.4 任务总结与反思

完成任务总结报告，见表 7.2.5。

表 7.2.5 任务总结报告

<table>
<tr><td>班级：</td><td>姓名：</td><td>学号：</td><td>完成时间：</td></tr>
<tr><td colspan="2">任务名称：钢材的弯曲试验</td><td>组长签字：</td><td>教师签字：</td></tr>
<tr><td>类别</td><td>内容</td><td>学生总结</td><td>教师点评</td></tr>
<tr><td rowspan="3">知识点</td><td>冷弯性能</td><td></td><td></td></tr>
<tr><td>可焊性</td><td></td><td></td></tr>
<tr><td>冷加工强化</td><td></td><td></td></tr>
<tr><td rowspan="3">技能点</td><td>正确选用弯心</td><td></td><td></td></tr>
<tr><td>正确使用试验机</td><td></td><td></td></tr>
<tr><td>进行钢材弯曲试验</td><td></td><td></td></tr>
<tr><td>反思</td><td colspan="3"></td></tr>
</table>

项目8

沥青材料检测

项目描述

对沥青材料相关技术指标进行检测。

项目要求

对沥青材料技术指标进行检测，检测仪器、检测方法、检测步骤等需严格遵循国家标准及行业规范。同时做好安全防护，正确使用仪器和工具，完成沥青的取样，沥青针入度、延度、软化点等检测任务。

学习目标

1. 素质目标

(1)具有正确的世界观、人生观、价值观，具有深厚的爱国情感和中华民族自豪感；

(2)具有良好的职业道德和职业素养，诚实守信、爱岗敬业；

(3)具有以目标为导向的集体意识和团队合作精神，能够进行有效的人际沟通和协作，能够与小组成员团结合作完成任务；

(4)具有安全意识和创新精神。

2. 知识目标

(1)掌握沥青的分类、组分、特性及应用；

(2)掌握沥青取样方法，并完成取样单；

(3)掌握沥青针入度测定方法，并完成检测报告；

(4)掌握沥青延度测定方法，并完成检测报告；

(5)掌握沥青软化点测定方法，并完成检测报告。

3. 能力目标

(1)具有完成沥青取样并出具取样单的能力；

(2)具有完成沥青针入度测定并出具检测报告的能力；

(3)具有完成沥青延度测定并出具检测报告的能力；

(4)具有完成沥青软化点测定并出具检测报告的能力。

(1)学习载体

按标准取样方法选取待测沥青样品。

(2)相关标准

《沥青取样法》(GB/T 11147—2010);

《公路工程沥青及沥青混合料试验规程》(JTG E20—2011)。

(3)案例引入

某沥青混凝土拌和站进场一批沥青,请划分检验批,并对该批沥青进行编号取样,根据项目建设工程施工质量验收标准规定,对沥青的针入度、延度、软化点等指标进行检测,判定是否合格。

废弃沥青混合料的再生技术

道路石油沥青是主要的石油工业产品,石油是不可再生资源,日益紧缺,相应的道路石油沥青供应也面临着巨大的危机。另一方面,废弃材料的堆放、掩埋带来巨大的环境污染问题,将废弃沥青混合料再生利用,不仅避免新的资源消耗,也可以促进现有资源循环利用。

沥青路面再生技术发展至今,形成多种路面再生工艺,也有多种分类方法,一般分为厂拌热再生、就地热再生、厂拌冷再生、就地冷再生、全深式再生等方式。厂拌热再生是较成熟的工艺,能提供及时的道路养护和修复,对现有设备只需进行较小的改动,该方法将回收的沥青路面材料与新材料混合,有时根据需要加入再生剂,生产出符合技术要求的热拌沥青混合料。从资源保护创建节约型社会的角度出发,沥青路面的再生已成为筑路技术发展的一个趋势。

任务 8.1 沥青取样

8.1.1 沥青取样操作步骤

1.目的及依据

为检查沥青质量,对在生产、储存或交货地点的沥青材料进行取样。

依据标准:《沥青取样法》(GB/T 11147—2010)。

2.主要仪器设备

(1)取样工具

取样工具有底部进样取样器、上部进样取样器(图 8.1.1)和沥青在线取样装置。

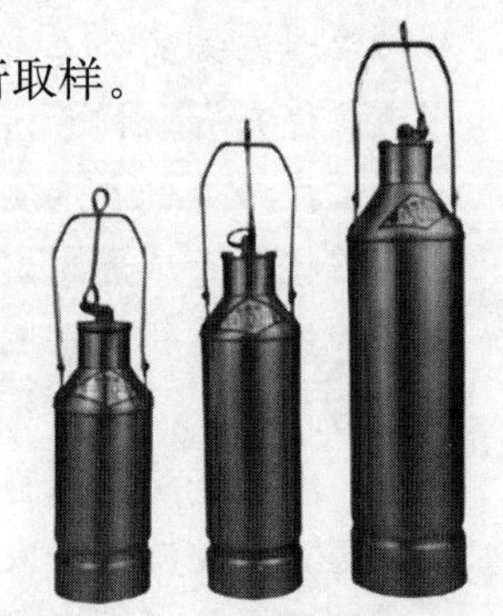

图 8.1.1 上部进样取样器

(2)盛样器

液体沥青(不包括乳化沥青)或半固体沥青盛样器:具有密封盖的广口金属容器。

乳化沥青盛样器:具有密封盖的广口塑料容器。

碎沥青或粉末沥青盛样器:具有密封盖的广口金属容器,也可用塑料袋,但应有可靠的外包装。

3. 样品数量

液体沥青样品取样量:常规检验取样量为1 L,乳化沥青4 L;从储罐中取样量为4 L;从桶中取样量为1 L。固体或半固体样品取样量为1~2 kg。

4. 取样方法

(1)从沥青储罐取样(沥青为流体或经加热变成流体)

从不带搅拌的储罐中取样,应先关闭进料阀和出料阀,然后再取样。

①取样阀法

储罐允许安装取样阀取样,阀门要有简单、安全的入口,安装在储罐的一侧。储罐按高度三等分,第一个取样阀安装在储罐的上1/3处,但距储罐顶不得小于1 m,第二个取样阀安装在储罐中部的1/3处,第三个取样阀安装在储罐的下1/3处,且距罐底不得低于1.1 m。

依次从上、中、下取样阀取样,每个取样阀至少要放掉4 L沥青产品后方可取1~4 L样品。从储罐中取出的上、中、下三个样品充分混合均匀后,取1~4 L进行所要求的检验。

②底部进样取样器法

底部进样取样器法不适用于黏稠沥青。在储罐中投入底部进样取样器,依次按储罐中实际液面高度的上、中、下位置各取样1~4 L,取样器在每次取样后尽量倒净。从储罐中取出的上、中、下三个样品充分混合均匀后,取1~4 L进行所要求的检验。

③上部进样取样器法

在储罐中投入上部进样取样器,依次按储罐中实际液面高度的上、中、下位置各取样1~4 L,取样器在每次取样后尽量倒净。从储罐中取出的上、中、下三个样品充分混合均匀后,取1~4 L进行所要求的检验。

从有搅拌设备的储罐中取样,先将沥青充分搅拌均匀,再按以上三种方法中的任意一种方法从罐中部取1~4 L样品进行所要求的检验。

(2)从槽车、罐车、沥青洒布车取样

当车上设有取样阀、顶盖、出料阀时,可从取样阀、顶盖、出料阀处取样,从取样阀取样要先放掉4 L沥青再取样,从顶盖处取样时,用取样器由该容器中部取样,从出料阀取样时,应在出料至约二分之一时取样;也可以在出料线上安装一种可拆卸式在线取样装置,使用这种取样装置,取样时要先放掉4 L沥青。

(3)从油轮和驳船取样

①卸料前取样

对于流体沥青(包括经加热可变成流体的轻质沥青)在卸料前取样时,可按从沥青储罐取样的方法取样。

②装卸料时管线中取样

装卸料时,可通过在泵的出口线上或在沥青靠重力流出的管线上加装一个取样装置,以方便取样。取样装置伸入管线部分的管直径小于管线直径的 1/8,开口应面向沥青流向,通过安装一个阀门或旋塞控制取样,根据装卸料需要的时间,间隔均匀的取至少三个 4 L 样品。装卸料结束后将所取样品充分混合均匀,再从中取出 4 L 样品进行所要求的检验。

或者从容量 4 000 m^3或稍小的油轮、驳船出口线直接取样,在整个装卸料过程中,按装卸料时间间隔均匀地取至少五个 4 L 样品,容量大于 4 000 m^3时,至少要取十个 4 L 样品,装卸料结束后将这些样品充分混合均匀,再从中取出 4 L 样品进行所要求的检验。

(4)从桶中取样

按随机取样要求,从充分混合均匀后的桶中用取样器取 1 L 液体沥青。

(5)从半固体或未破碎的固体沥青取样

①取样方式

从桶、袋、箱中取样应在样品表面以下及容器侧面以内至少 75 mm 处采取,若沥青是可以打碎的,则用干净锤子打碎后取样,若沥青是软的,则用干净的适宜的工具切割取样。

②取样数量

同批产品的取样数量,随机取一件按规定取样方式取 4 kg 供检验用。

非同批产品的取样数量,当不能确认是同一批生产的产品或按同批产品要求取出的样品经检验不符合规范要求时,则应按随机取样原则选出若干件再按规定取样方式取样,其件数等于总件的立方根,不同装载件数所要取出的样品件数,见表 8.1.1。当取样件数超过一件,每个样品重量应不少于 0.1 kg,这样取出的样品,经充分混合均匀后取出 4 kg 供检验用。

当不是一批产品且批次可以明显分出,从每一批次中取出 4 kg 样品供检验用。

表 8.1.1 不同装载件数所要取出的样品件数

装载件数	选取件数
2～8	2
9～27	3
28～64	4
65～125	5
126～216	6
217～343	7
344～512	8
513～729	9
730～1 000	10
1 001～1 331	11

(6)从碎块或粉末状沥青取样

①散装储存的沥青

散装储存的碎块或粉末状固体沥青取样,应按《固体和半固体石油产品取样法》(SH/T

0229—1992)从散装不熔性固体石油产品中采取试样的方法操作，总样量应不少于25 kg，再从中取出1～2 kg供检验用。

②桶、袋、箱装储存的沥青

装在桶、袋、箱中的碎块或粉末状固体沥青，按随机取样原则挑选出若干件，从每一件接近中心处取至少0.5 kg样品，这样采集的总样量应不少于25 kg，然后按《固体和半固体石油产品取样法》(SH/T 0229—1992)从散装不熔性固体石油产品中采取试样的方法执行四分法操作，从中取出1～2 kg供检验用。

5.样品的保存和存放

(1)盛样器应洁净干燥，盖子配合严密。使用过的旧容器应洗刷干净，并满足上述要求才可重复使用。

(2)注意防止污染样品。装好样品后的盛样器应立即封口。

(3)盛满样品的容器不能浸入溶剂中，也不能用浸透了溶剂的布擦拭，如果需清洁，要用洁净的干布擦拭。

(4)要妥善包装，防止乳化沥青冻结，盛样器要盛满，以避免在空气和乳液接触面结皮。

(5)必须将样品从一个容器移入另一个容器时，应符合规定的取样法要求。

(6)盛样器装完样品密封好，并擦拭干净后，应用适宜的标记笔在盛样器上(不得在盖上)做出标识。如果用标签牢固的贴在盛样器上做标识，要保证转移中不丢失，标签不能粘在盛样器的盖子上，所有标识材料应在200 ℃以上温度时可保存完好。

(7)对于水泥技术指标质量仲裁的沥青样品，由供需双方共同取样，取样后双方在密封条上签字盖章，一份用于检验，一份留存备用。

8.1.2　沥青材料相关知识

1.沥青的分类

沥青是一种有机胶凝材料，在常温下呈固体、半固体或黏性液体状态，颜色为褐色或黑褐色。它是由许多高分子碳氢化合物及其非金属(氧、硫、氮等)的衍生物所组成的极其复杂的混合物。

沥青按其产源不同，可分为地沥青和焦油沥青，其分类见表8.1.2。

表8.1.2　沥青的分类

分类	地沥青	天然沥青	石油在天然条件下，长时间地球物理作用下所形成的产物
		石油沥青	石油经炼制加工后所得到的产品
	焦油沥青	煤沥青	由煤干馏所得到的煤焦油再加工所得
		页岩沥青	由页岩炼油所得的工业副产品

沥青是一种憎水性的有机胶凝材料，沥青能与砂石、砖、混凝土、木材、金属等材料牢固地黏结在一起，具有良好的耐腐蚀性，在工程中主要用于道路工程以及防潮、防水、防腐蚀材料。

2. 沥青的组成

石油沥青是由石油经蒸馏、吹氧、调和等工艺加工得到的残留物，主要为可溶于二硫化碳的碳氢化合物的半固体黏稠状物质。沥青是高分子碳氢化合物及其非金属(氧、氮、硫等)衍生物组成的混合物，是石油产品中相对分子量最大组成及结构最复杂的部分，除主要元素碳、氢以外，其余是氧、硫、氮和一些微量氢元素。对石油沥青许多研究者曾提出不同的分析方法，我国现行《公路工程沥青及沥青混合料试验规程》(JTG E20—2011)中规定了三组分和四组分两种分析方法。

三组分分析法是将石油沥青分离为油分、胶质和沥青质三个组分，其组分性状见表 8.1.3。该方法的原理是利用沥青不同组分对抽提溶剂的选择性溶解和对吸附剂的选择性吸附，所以也称溶解—吸附法。

表 8.1.3 石油沥青三组分分析法的组分及性状

组　分	状　态	颜　色	密度(g/cm^3)	含　量	作　用
油分	黏性液体	淡黄色至黄褐色	小于 1	45%～60%	使沥青具有流动性
胶质	黏稠固体	红褐色至黑褐色	略大于 1	15%～30%	使沥青具有良好的黏性和塑性
沥青质	粉末颗粒	深褐色至黑褐色	大于 1	5%～30%	能提高沥青的黏性和耐热性；含量提高，塑性降低

油分赋予沥青以流动性，油分含量的多少直接影响沥青的柔软性、抗裂性及施工难度。油分在一定条件下可以转化为树脂甚至沥青质，其含量为 45%～60%。胶质是褐色黏稠状物质，以往也被称为树脂。它主要使沥青具有塑性和黏性，分为中性胶质和酸性胶质。中性胶质使沥青具有一定的塑性、可流动性和黏结性，其含量增加沥青的黏聚力和延伸性，沥青胶质中还含有少量的酸性胶质，它是沥青中活性最大的部分，能改善沥青对矿质材料的浸润性，特别是提高了与碳酸盐类岩石的黏附性，增加了沥青的可乳化性，其含量为 15%～30%。沥青质决定着沥青的黏结力、黏度和温度稳定性，以及沥青的硬度、软化点等。沥青质含量增加时，沥青的黏度和黏结力增加，硬度和温度稳定性提高，其含量为 5%～30%。

除三个主要组分外，还有少量的蜡、沥青碳和似碳物。蜡在 45 ℃左右就会转变为液态，破坏沥青的胶体结构，降低沥青的延度和黏结力。沥青碳和似碳物是沥青受高温影响脱氢而生成，会降低沥青的黏结力。

四组分分析法是将沥青分为饱和分、芳香分、胶质和沥青质。研究结果表明，沥青的性质与各组分的含量比例有密切关系，沥青质含量高，则沥青的黏度增大，温度敏感性降低；饱和分增大则使沥青黏度降低，胶质含量增加可使沥青延度增大。

3. 沥青的胶体结构

沥青的性质不仅取决于沥青的化学组分，而且取决于沥青的胶体结构。

现代胶体理论认为：大多数沥青属于胶体体系。它是以固态超细微粒的沥青质为分散相，成为核心，吸附了极性较强的半固态胶质形成胶团，无数胶团分散于油分中而形成的胶体结构。

根据石油沥青中各组分的化学组成和相对含量的不同，可以形成溶胶型、溶—凝胶型和凝胶型三种不同的胶体结构，如图 8.1.2 所示。

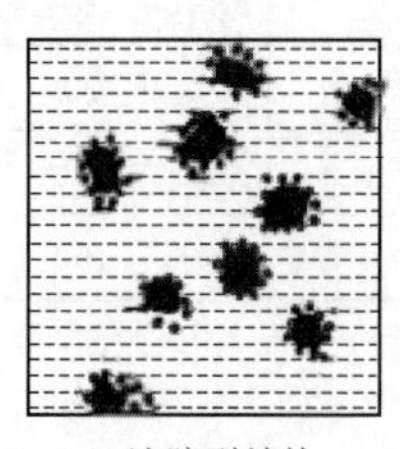

(a) 溶胶型结构　　(b) 溶—凝胶型结构

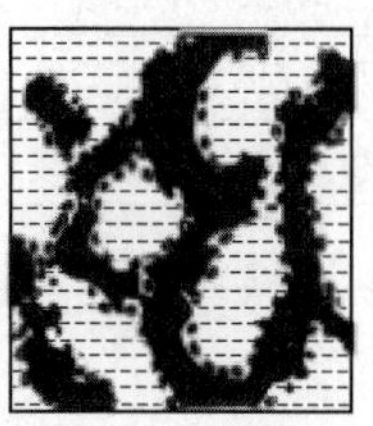

(c) 凝胶型结构

图 8.1.2　石油沥青的胶体结构

(1)溶胶型结构

当沥青质含量较少，油分和树脂质含量较多时，沥青质胶团在胶体结构中运动较为自由，形成溶胶型结构。溶胶型沥青的特点是流动性和塑性较好，开裂后自行愈合能力较强，低温时变形能力较强，但温度稳定性差，温度过高会发生流淌。

(2)凝胶型结构

当沥青质含量较高，油分与树脂质含量较少时，沥青质胶团间的吸引力增大，且移动较困难，形成凝胶型结构。凝胶型沥青的特点是弹性和黏性较高，温度敏感性较小，流动性和塑性较差，开裂后自行愈合能力较差。在工程性能上，高温稳定性较好，但低温变形能力较差。

(3)溶—凝胶型结构

当沥青质含量适当，而胶团之间的距离和引力介于溶胶型和凝胶型之间的结构状态，即为溶—凝胶结构。溶—凝胶型沥青的特点是高温时具有较低的感温性，低温时又具有较强的变形能力。修筑现代高等级沥青路面用的沥青，都属于这类胶体结构的沥青。

沥青的胶体结构可用针入度指数 PI 判断。当 PI＜－2 时，沥青属于溶胶结构；当 PI＞2 时，沥青属于凝胶结构；介于其间时属于溶—凝胶结构。

4. 沥青的大气稳定性

石油沥青在温度、阳光、氧气和潮湿等因素的长期综合作用下，抵抗老化的性能，称为大气稳定性。大气稳定性好的沥青，其耐久性也就越好，使用时间更长。导致沥青大气稳定性差的原因是：沥青在各种环境因素的长期作用下，沥青的三大组分会发生转化，油分、树脂的含量会逐渐减少，沥青质会逐渐增加，从而引起沥青的塑性、韧性的下降，脆性增加，这种现象称为沥青的老化。

8.1.3　任务测评

1. 素质测评

沥青取样的素养点，做到即得分，未做到即零分，见表 8.1.4。

表 8.1.4 沥青取样操作素质测评表

序号	素养点	配分	得分
1	具有合作意识	20	
2	安全意识,仪器、设备及工具安全检查	20	
3	节约环保意识,试样不洒落	20	
4	工具清洁及整理	20	
5	正确标记和封存试样	20	
总分		100	

2. 知识测评

确定本任务关键词,按重要程度进行关键词排序并举例解读。

学生根据对本次任务重要信息的捕捉、排序、表达、创新和划分权重能力进行自评,满分100分,见表 8.1.5。

表 8.1.5 沥青取样操作知识测评表

序号	关键词	举例解读	评分
1			
2			
3			
总分			

3. 能力测评

完成沥青取样,填写取样单,见表 8.1.6。本任务所列内容,操作规范即得分,操作错误或未操作即零分,见表 8.1.7。

表 8.1.6 沥青取样单

样品名称		沥青品种	
产地(生产厂家)		取样数量	
编号		批量	
取样单位		取样人	
见证单位		见证人	
取样地点		取样日期	
依据标准			
备　注			

表 8.1.7 沥青取样操作能力测评表

序号	技能点	配分	得分
1	沥青外观状态检查	10	
2	沥青品种、规格、产地、编号等基本信息检查		

续上表

序号	技能点	配分	得分
3	从沥青储罐中取样过程控制	30	
4	半固体或未破碎的固体沥青取样过程控制	20	
5	正确填写取样单	20	
总分		100	

4. 拓展训练

(1)请列举沥青取样过程中易出现的问题,分析产生问题的原因,并制定解决措施。

(2)从半固体或未破碎的固体沥青中取样,同批产品或非同批产品取样件数和数量如何确定呢?取样之后要进行哪些指标检验,请分析检测指标有哪些,并根据检验结果判定产品的合格性。

(3)请绘制思维导图,按照学习目标三要素,对沥青取样操作的学习收获进行总结。

(4)沥青取样时要注意防静电以保证取样人员安全,通过沥青取样操作增强安全意识。

8.1.4 任务总结与反思

完成任务总结报告,见表8.1.8。

表8.1.8 任务总结报告

班级:	姓名:	学号:	完成时间:
任务名称:沥青取样		组长签字:	教师签字:
类别	内容	学生总结	教师点评
知识点	石油沥青		
	乳化沥青		
	改性沥青		
技能点	正确使用天平		
	正确使用取样工具		
	正确控制取样量		
	正确存放样品		
反思			

任务8.2 沥青针入度测定

8.2.1 沥青针入度测定操作步骤

1. 检测目的及依据

沥青针入度是在规定温度(25 ℃)和规定时间(5 s)内,附加一定质量的标准针(100 g)垂直贯入沥青试样中的深度,单位为0.01 mm。通过针入度的测定掌握不同沥青的黏稠度以及进行沥青标号的划分。

依据标准:《公路工程沥青及沥青混合料试验规程》(JTG E20—2011)。

2. 主要仪器设备

沥青针入度测定的主要仪器设备,见表 8.2.1。

表 8.2.1 沥青针入度测定仪器设备

仪器名称	仪器图片	仪器名称	仪器图片
针入度仪[组成部分有拉杆、刻度盘、按钮、针连杆组合件,总质量为(100 ± 0.05)g,调节试样高度的升降操作机件,调节针入度仪水平的螺旋,可自由转动调节距离的悬臂]	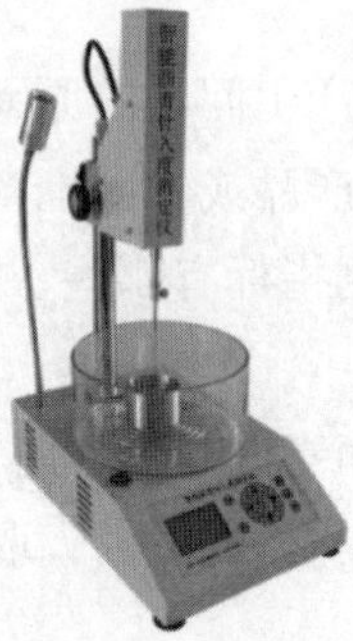	标准针[由硬化回火的不锈钢制成,洛氏硬度 54 ~ 60HRC,针及针杆总质量(2.5 ± 0.5)g]	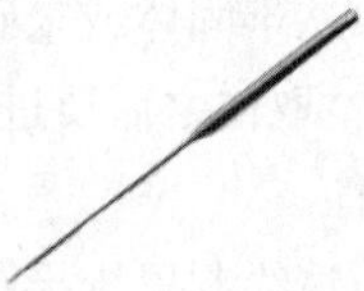
试样皿[金属制的圆柱形平底容器。小试样皿的内径 55 mm、深 35 mm(适用于针入度小于 200);大试样皿内径 70 mm、深 45 mm(适用于针入度 200～350);对针入度大于 350 的试样需使用特殊试样皿,其深度不小于 60 mm,试样体积不少于 125 mL]	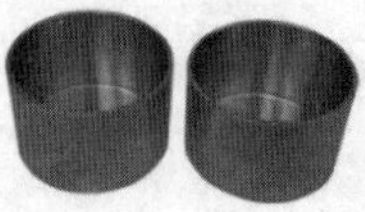	恒温水槽(容量不少于10 L,控温精确度为 ±0.1 ℃)	
平底玻璃皿(容量不少于 1 L,深度不少于 80 mm)		温度计	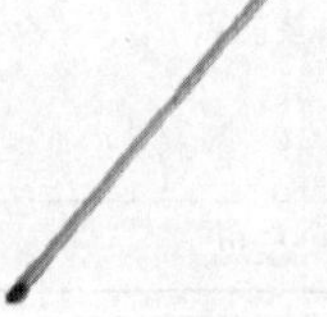
秒表		试样皿盖(平板玻璃)	

续上表

仪器名称	仪器图片	仪器名称	仪器图片
溶剂(三氯乙烯)		电炉和砂浴锅	
石棉网		瓷把坩埚	

3. 试验样品制备

(1)将恒温水槽调到要求的温度,即25 ℃,保持稳定。

(2)将试样放在垫有石棉垫的炉具上缓慢加热,时间不超过30 min,用玻璃棒轻轻搅拌,防止局部过热。加热脱水温度:石油沥青不超过软化点以上100 ℃,煤沥青不超过软化点以上50 ℃。沥青脱水后通过0.6 mm滤筛过筛。

(3)试样注入试样皿中,高度应超过预计针入度值10 mm,盖上试样皿盖,防止落入灰尘。在15～30 ℃室温中冷却不少于1.5 h(小试样皿)、2 h(大试样皿)或3 h(特殊试样皿)后,再移入保持规定试验温度±0.1 ℃的恒温水槽中恒温不少于1.5 h(小试样皿)、2 h(大试样皿)或2.5 h(特殊试样皿)。

4. 试验步骤

(1)调整针入度仪使之水平,检查针连杆和导轨,确认无水和其他外来物,且无明显摩擦。用三氯乙烯或其他溶剂清洗标准针,并擦干。将标准针插入针连杆,用螺钉紧固。按试验条件,加上附加砝码。

(2)取出达到恒温的试样皿,并移入水温控制在试验温度±0.1 ℃(可用恒温水槽中的水)的平底玻璃皿中的三脚支架上,试样表面以上的水层深度不少于10 mm。

(3)将盛有试样的平底玻璃皿置于针入度仪的平台上。慢慢放下针连杆,用适当位置的反光镜或灯光反射观察,使针尖恰好与试样表面接触,将位移计或刻度盘指针复位为零。

(4)开始试验,按下释放键,与标准针落下贯入试样同时开始,至5 s时自动停止。读取位移计或刻度盘指针的读数,准确至0.1 mm。

(5)同一试样平行试验至少3次,各测试点之间及与试样皿边缘的距离不应少于10 mm。每次试验后应将盛有试样皿的平底玻璃皿放入恒温水槽,使平底玻璃皿中水温保持试验温度。每次试验应换一根干净标准针或将标准针取下用蘸有三氯乙烯溶剂的棉花或布擦净,再用干棉花或布擦干。

(6)测定针入度大于200的沥青试样时,至少用3支标准针,每次试验后将针留在试样中,直至3次平行试验完成后,才能将标准针取出。

5. 数据处理

(1)同一试样的3次平行试样结果的最大值与最小值之差在下列允许偏差范围内时,计算3次试验结果的平均值,取整数作为针入度试验结果,以0.1 mm计。

当试验结果超出所规定的范围时,应重新进行试验,见表8.2.2。

表8.2.2 允许差值表

针入度(0.1 mm)	0~49	50~149	150~249	250~500
允许误差(0.1 mm)	2	4	12	20

(2)当试验结果小于50(0.1 mm)时,重复性试验的允许差为不超过2(0.1 mm),再现性试验的允许差为不超过4(0.1 mm)。

(3)当试验结果等于或大于50(0.1 mm)时,重复性试验的允许差为不超过平均值的4%,再现性试验的允许差为不超过平均值的8%。

8.2.2 沥青针入度测定相关知识

1. 针入度定义

针入度试验适用于测定黏稠石油沥青稠度,针入度是划分沥青技术等级的重要指标。针入度是在规定条件下,标准针垂直穿入沥青试样中的深度,以1/10 mm表示。针入度表示方法是$P_{(25\ ℃,100\ g,5\ s)}$,例如:$P_{(25\ ℃,100\ g,5\ s)}=65$。

2. 针入度测定方法概要

沥青的针入度以标准针在一定的载荷、时间及温度条件下垂直穿入沥青试样的深度表示,单位为1/10 mm。除非另行规定,标准针、针连杆与附加砝码的总质量为100 g±0.05 g,温度25 ℃±0.1 ℃,时间为5 s。特定试验可采用的其他条件。

3. 注意事项

(1)根据沥青的标号选择试样皿,试样深度应大于预计穿入深度10 mm以上。不同的试样皿在恒温水浴中的恒温时间不同。

(2)测定针入度时,水温应当控制在25 ℃±1 ℃范围内,试样表面以上的水层高度不小于10 mm。

(3)测定时针尖应刚好与试样表面接触,必要时用放置在合适位置的光源反射来观察。使活杆与针连杆顶端相接触,调节针入度刻度盘,使指针为零。

(4)在3次重复测定时,各测定点之间与试样皿边缘之间的距离不应小于10 mm。

(5)3次平行试验结果的最大值与最小值应在规定的允许值差值范围内,若超过规定差值,试验应重新做。

8.2.3 任务测评

1.素质测评

沥青针入度测定的素养点,做到即得分,未做到即零分,见表8.2.3。

表8.2.3 沥青针入度测定操作素质测评表

序号	素养点	配分	得分
1	做好安全防护	20	
2	安全意识,仪器、设备及工具安全检查	20	
3	节约环保意识,试样不洒落	20	
4	仪器、工具、试验台清洁及整理	20	
5	诚信意识,真实记录原始数据	20	
总分		100	

2.知识测评

确定本任务关键词,按重要程度进行关键词排序并举例解读。

学生根据对本次任务重要信息捕捉、排序、表达、创新和划分权重能力进行自评,满分100分,见表8.2.4。

表8.2.4 沥青针入度测定操作知识测评表

序号	关键词	举例解读	评分
1			
2			
3			
总分			

3.能力测评

测定沥青试样针入度,填写试验报告,见表8.2.5。本任务所列内容,操作规范即得分,操作错误或未操作即零分,见表8.2.6。

表8.2.5 沥青针入度试验报告

<table>
<tr><td colspan="4">样品名称</td><td colspan="4"></td><td colspan="3">沥青品种</td><td colspan="3"></td></tr>
<tr><td colspan="4">产地(生产厂家)</td><td colspan="4"></td><td colspan="3">试验日期</td><td colspan="3"></td></tr>
<tr><td colspan="4">依据标准</td><td colspan="10"></td></tr>
<tr><td colspan="4">备　注</td><td colspan="10"></td></tr>
<tr><td rowspan="3">样品编号</td><td rowspan="3">试验温度(℃)</td><td rowspan="3">试验时间(s)</td><td rowspan="3">试验荷重(g)</td><td colspan="9">指针度盘读数(1/10 mm)</td><td rowspan="3">针入度平均值1/10 mm</td></tr>
<tr><td colspan="3">第一次</td><td colspan="3">第二次</td><td colspan="3">第三次</td></tr>
<tr><td>试针刺入前</td><td>试针刺入后</td><td>针入度</td><td>试针刺入前</td><td>试针刺入后</td><td>针入度</td><td>试针刺入前</td><td>试针刺入后</td><td>针入度</td></tr>
<tr><td>1</td><td></td><td></td><td></td><td></td><td></td><td></td><td></td><td></td><td></td><td></td><td></td><td></td><td></td></tr>
<tr><td>2</td><td></td><td></td><td></td><td></td><td></td><td></td><td></td><td></td><td></td><td></td><td></td><td></td><td></td></tr>
<tr><td>3</td><td></td><td></td><td></td><td></td><td></td><td></td><td></td><td></td><td></td><td></td><td></td><td></td><td></td></tr>
</table>

表 8.2.6 沥青针入度测定操作能力测评表

序号	技能点	配分	得分
1	沥青加热脱水控制	10	
2	沥青样品的制备	20	
3	调整针入度仪	20	
4	针入度测定过程控制	30	
5	正确填写试验报告	20	
总分		100	

4. 拓展训练

(1)请列举沥青针入度测定过程中易出现的问题,分析产生问题的原因,并制定解决措施。

(2)测定针入度大于 200 的沥青试样时,至少用 3 支标准针,每次试验后将针留在试样中,直至 3 次平行试验完成后,才能将标准针取出,请分析原因。

(3)沥青试样制备时要确保室内通风装置运转正常,以保证试验人员的安全健康,通过沥青针入度试验操作增强安全意识。

8.2.4 任务总结与反思

完成任务总结报告,见表 8.2.7。

表 8.2.7 任务总结报告

班级:	姓名:	学号:	完成时间:
任务名称:沥青针入度测定		组长签字:	教师签字:
类别	内容	学生总结	教师点评
知识点	油分		
	树脂		
	沥青质		
技能点	使用加热炉		
	制备沥青试样		
	控制试验条件		
	使用针入度仪		
	数据整理		
反思			

任务 8.3 沥青延度测定

8.3.1 沥青延度测定操作步骤

1. 检测目的及依据

掌握沥青延度的概念,熟悉测定沥青延度的试验步骤。

沥青延度是规定形状的试样在规定温度(25 ℃)条件下以规定拉伸速度(5 cm/min)拉至断开时的长度,以 cm 表示。通过延度试验可测定沥青能够承受的塑性变形的总能力。

依据标准:《公路工程沥青及沥青混合料试验规程》(JTG E20—2011)。

2. 主要仪器设备

沥青延度测定的主要仪器设备见表 8.3.1。

表 8.3.1　沥青延度测定仪器设备

仪器名称	仪器图片
延度仪(将试件浸没于水中,能保持规定的试验温度及按照规定拉伸速度拉伸试件且试验时无明显振动的延度仪均可使用)	
延度试模(黄铜制成,由试模底板、两个端模和两个侧模组成)	
恒温水槽(容量不少于 10 L,控制温度的精确度为 ±0.1 ℃)	
温度计	
隔离剂(甘油与滑石粉的质量比 2∶1)	

续上表

仪器名称	仪器图片
平刮刀	
石棉网	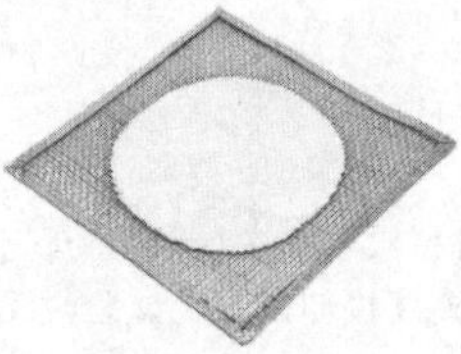
酒精	
食盐	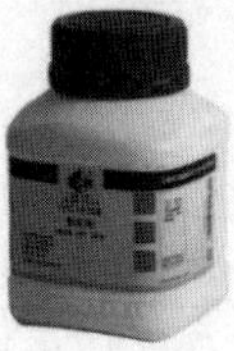

3. 试件制备

(1)将隔离剂拌和均匀,涂于清洁干燥的试模底板和两个侧模的内侧表面,并将试模在试模底板上装妥。

(2)将加热脱水的沥青试样,通过 0.6 mm 筛过滤,然后将试样仔细自试模的一端至另一端往返数次缓缓注入模中,最后略高出试模,灌模时应注意勿使气泡混入。

(3)试件在室温中冷却 30～40 min,然后置于规定试验温度±0.1 ℃的恒温水槽中,保持 30 min 后取出,用热刮刀刮除高出试模的沥青,使沥青面与试模面齐平。沥青的刮法应自试模的中间刮向两端,且表面应刮得平滑。将试模连同底板再浸入规定试验温度的水槽中 1～1.5 h。

4. 试验步骤

(1)检查延度仪延伸速度是否符合规定要求,然后移动滑板使其指针正对标尺的零点,将延度仪注水,并使温度保持在 25 ℃±5 ℃。

(2)将保温后的试件连同底板移入延度仪的水槽中,然后将盛有试样的试模自玻璃板或不锈钢板上取下,将试模两端的孔分别套在滑板及槽端固定板的金属柱上,并取下侧模。水面距试件表面应不小于 25 mm。

(3)开动延度仪,并注意观察试样的延伸情况。此时应注意,在试验过程中,水温应始终保持在试验温度规定范围内,且仪器不得有振动,水面不得有晃动,当水槽采用循环水时,应暂时中断循环,停止水流。在试验中,如发现沥青细丝浮于水面或沉入槽底时,则应在水中加入酒精或食盐,调整水的密度至与试样相近后,重做试验。

(4)试件拉断时,读取指针所指标尺上的读数,以 cm 表示。在正常情况下,试件延伸时应成锥尖状,拉断时实际断面接近于 0,如不能得到这种结果,则应在报告中注明。

5. 试验报告

同一试样,每次平行试验不少于 3 个,如 3 个测定结果均大于 100 cm,试验结果记作“>100 cm”;特殊需要也可分别记录实测值。如 3 个测定结果中,有一个以上的测定值小于 100 cm 时,若最大值或最小值与平均值之差满足重复性试验精密度要求,则取 3 个测定结果的平均值的整数作为延度试验结果,若平均值大于 100 cm,记作“>100 cm”。若最大值或最小值与平均值之差不符合重复性试验精密度要求时,试验应重新进行。

当试验结果小于 100 cm 时,重复性试验精确度的允许差为平均值的 20%;复现性试验的允许差为平均值的 30%。

8.3.2 沥青延度测定相关知识

1. 延度

延度表示沥青的塑性。塑性是指沥青在外力作用下发生变形而不破坏的能力。沥青的塑性与组分及温度有关:树脂多,油分及沥青质适量,塑性较大;当温度升高,塑性增大;沥青膜层愈厚则塑性愈高。

延度(cm):用延度仪测定,将试样制成“∞”字形(中间最小截面积为 1 cm^2),在规定速度 5 cm/min 和规定温度 15 ℃(或 10 ℃)下拉断时的长度。延度越大,塑性越好,柔性和抗断裂性越好。

2. 注意事项

(1)按照规定方法制作延度试件,应当满足试件在空气中冷却和在水浴中保温的时间。

(2)检查延度仪拉伸速度是否符合要求,移动滑板是否能使指针对准标尺零点,检查水槽中水温是否符合规定温度。

(3)拉伸过程中水面距试件表面应不小于 2.5 cm,如发现沥青丝浮于水面则应在水中加入酒精,若发现沥青丝沉入槽底则应在水中加入食盐,调整水的密度至与试样的密度接近后再进行测定。

(4)试样在断裂时的实际断面应为零,若得不到该结果则应在报告中注明在此条件下无测定结果。

8.3.3　任务测评

1. 素质测评

沥青延度测定的素养点，做到即得分，未做到即零分，见表 8.3.2。

表 8.3.2　沥青延度测定操作素质测评表

序号	素养点	配分	得分
1	安全防护	20	
2	安全意识，仪器、设备及工具安全检查	20	
3	节约环保意识，试样不洒落	20	
4	仪器、工具、试验台清洁及整理	20	
5	诚信意识，真实记录原始数据	20	
总分		100	

2. 知识测评

确定本任务关键词，按重要程度进行关键词排序并举例解读。

学生根据对本次任务重要信息捕捉、排序、表达、创新和划分权重能力进行自评，满分 100 分，见表 8.3.3。

表 8.3.3　沥青延度测定操作知识测评表

序号	关键词	举例解读	评分
1			
2			
3			
总分			

3. 能力测评

测定沥青试样延度，填写试验报告，见表 8.3.4。本任务所列内容，操作规范即得分，操作错误或未操作即零分，见表 8.3.5。

表 8.3.4　沥青延度试验报告

<table>
<tr><td colspan="2">样品名称</td><td colspan="2"></td><td colspan="3">沥青品种</td><td></td></tr>
<tr><td colspan="2">生产厂家</td><td colspan="2"></td><td colspan="3">试验日期</td><td></td></tr>
<tr><td colspan="2">依据标准</td><td colspan="6"></td></tr>
<tr><td rowspan="2">样品编号</td><td rowspan="2">试验温度(℃)</td><td rowspan="2">试验速度(cm/min)</td><td colspan="4">延度(cm)</td><td rowspan="2">拉伸情况描述</td></tr>
<tr><td>试样 1</td><td>试样 2</td><td>试样 3</td><td>平均值</td></tr>
<tr><td>1</td><td></td><td></td><td></td><td></td><td></td><td></td><td></td></tr>
<tr><td>2</td><td></td><td></td><td></td><td></td><td></td><td></td><td></td></tr>
<tr><td>3</td><td></td><td></td><td></td><td></td><td></td><td></td><td></td></tr>
<tr><td>备注</td><td colspan="7"></td></tr>
</table>

表 8.3.5　沥青延度测定操作能力测评表

序号	技能点	配分	得分
1	沥青加热脱水控制	10	
2	沥青"∞"字形试样的制备	20	
3	调整延度仪	20	
4	延度测定过程控制	30	
5	正确填写试验报告	20	
总分		100	

4. 拓展训练

(1)请列举沥青延度测定过程中易出现的问题,分析产生问题的原因,并制定解决措施。

(2)请绘制思维导图,按照学习目标三要素,对沥青延度测定操作的学习收获进行总结。

8.3.4　任务总结与反思

完成任务总结报告,见表 8.3.6。

表 8.3.6　任务总结报告

班级:	姓名:	学号:	完成时间:
任务名称:沥青延度测定		组长签字:	教师签字:
类别	内容	学生总结	教师点评
知识点	沥青塑性		
	沥青延度		
	沥青组分		
技能点	使用加热炉		
	制备沥青延度试样		
	控制试验条件		
	使用延度仪		
	数据整理		
反思			

任务 8.4　沥青软化点测定

8.4.1　沥青软化点测定操作步骤

1. 检测目的及依据

沥青的软化点是试样在规定尺寸的金属环内,上置规定尺寸和重量的钢球,放于水(5 ℃)或甘油(32.5 ℃)中,以(5±0.5)℃/min 的速度加热,至钢球下沉达到规定距离(25.4 mm)时的温度,以℃表示,它在一定程度上表示沥青的温度稳定性。

依据标准:《公路工程沥青及沥青混合料试验规程》(JTG E20—2011)。

2. 主要仪器设备

沥青软化点测定的主要仪器设备，见表 8.4.1。

表 8.4.1 沥青软化点测定仪器设备

仪器名称	仪器图片
软化点试验仪（由耐热玻璃烧杯、金属支架、钢球、试样环、钢球定位环、温度计等部件组成。耐热玻璃烧杯容量 800～1 000 mL，金属支架由两个主杆和三层平行的金属板组成。上层为一圆盘，直径略大于烧杯直径，中间有一圆孔，用以插放温度计。中层板上有两个孔，各放置金属环，中间有一小孔可支承温度计的测温端部。一侧立杆距环上面 51 mm 处刻有水高标记。环下面距下层底板为 25.4 mm，而下底板距烧杯底不少于 12.7 mm，也不得大于 19 mm。三层金属板和两个主杆由两个螺母固定在一起）	
试样环、定位环和钢球[钢球直径 9.53 mm，质量(3.5±0.05)g；试样环由黄铜或不锈钢制成，高(6.4±0.1)mm，下端有一个 2 mm 的凹槽；钢球定位环由黄铜或不锈钢制成]	
温度计	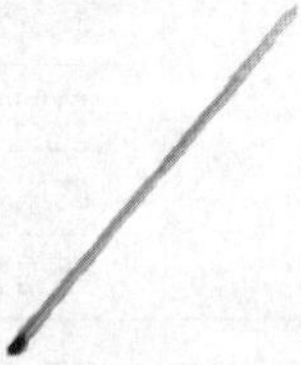
带有振荡搅拌器的加热电炉	

续上表

仪器名称	仪器图片
试样底板(金属板或玻璃板)	
恒温水槽	
平刮刀	
石棉网	
隔离剂(甘油与滑石粉的质量比2∶1)	

3. 试验步骤

准备工作:将试样环置于涂有甘油滑石粉隔离剂的试样底板上,将准备好的沥青试样徐徐注入试样环内至略高出环面为止。如估计试样软化点高于120 ℃,则试样环和试样底板(不用玻璃板)均应预热至80～100 ℃。

试样在室温冷却30 min后,用环夹夹着试样杯,并用热刮刀刮除环面上的试样,使其与环面齐平。

(1)试样软化点在80 ℃以下者:

①将装有试样的试样环连同试样底板置于5 ℃±0.5 ℃的恒温水槽中至少15 min;同时将金属支架、钢球、钢球定位环等亦置于相同水槽中。

②烧杯内注入新煮沸并冷却至 5 ℃的蒸馏水，水面略低于立杆上的深度标记。

③从恒温水槽中取出盛有试样的试样环放置在支架中层板的圆孔中，套上定位环；然后将整个环架放入烧杯中，调整水面至深度标记，并保持水温为 5 ℃±0.5 ℃。环架上任何部分不得附有气泡。将 0～100 ℃的温度计由上层板中心孔垂直插入，使端部测温头底部与试样环下面齐平。

④将盛有水和环架的烧杯移至放有石棉网的加热炉具上，然后将钢球放在定位环中间的试样中间，立即开动振荡搅拌器，使水微微振荡，并开始加热，使杯中水温在 3 min 后维持每分钟上升 5 ℃±0.5 ℃。在加热过程中，应记录每分钟上升的温度值，如温度上升速度超出此范围时，则试验应重做。

⑤试样受热软化逐渐下坠，至与下层底板表面接触时，立即读取温度，准确至 0.5 ℃。

(2)试样软化点在 80 ℃以上者：

①将装有试样的试样环连同试样底板置于装有 32 ℃±1 ℃甘油的恒温槽中至少 15 min，同时将金属支架、钢球、钢球定位环等亦置于甘油中。

②在烧杯内注入预先加热至 32 ℃的甘油，其液面略低于立杆上的深度标记。

③从恒温槽中取出装有试样的试样环，按上述(1)的方法进行测定，准确至 1 ℃。

4. 试验报告

同一试样平行试验两次，当两次测定值的差值符合重复性试验精确度要求时，取其平均值作为软化点试验结果，准确至 0.5 ℃。

当试样软化点小于 80 ℃时，重复性试验的允许差为 1 ℃，再现性试验的允许差为 4 ℃。

当试样软化点等于或大于 80 ℃时，重复性试验的允许差为 2 ℃，再现性试验的允许差为 8 ℃。

8.4.2 沥青软化点测定相关知识

1. 沥青软化点(温度稳定性)

温度稳定性指石油沥青的黏性和塑性随温度升降而变化的性能。当温度升高，沥青由固态或半固态逐渐软化而呈为液态，随温度下降，又由液态凝固变硬变脆。在相同的温度变化间隔里，各种沥青黏性变化幅度不同，随温度变化而产生的黏性变化幅度较小的沥青，其温度稳定性就好。

软化点愈高，温度稳定性愈好。

软化点用于沥青材料分类，是沥青产品标准中的重要技术指标。针入度、延度、软化点被称为沥青的“三大指标”。

2. 沥青软化点试验的意义

沥青材料是一种非晶质高分子材料，它由液态凝结为固态，或由固态熔化成液态时，没有明确的固化点和液化点。当温度升高，沥青由固态或半固态逐渐软化或黏流状态，当温度降低，由黏流状态转变成固态至变脆。在工程实用中为保证沥青不致由于温度升高而产生流动的状态，取滴落点和硬化点之间温度间隔的 87.21%作为软化点。我国现行试验法采用环球法测定沥青软化点。软化点应严格按照试验方法来测定,才能使结果有较好的重复性。

3. 沥青软化点试验适用范围

沥青软化点试验适用于测定道路石油沥青、聚合物改性沥青的软化点,也适用于测定液体石油沥青、煤沥青蒸馏残留物或乳化沥青蒸发残留物的软化点。

4. 注意事项

(1)按照规定方法制作延度试件,应当满足试件在空气中冷却和在水浴中保温的时间。

(2)估计软化点在 80 ℃以下时,实验采用新煮沸并冷却至 5 ℃的蒸馏水作为起始温度测定软化点,当估计软化点在 80 ℃以上时,试验采用 32 ℃±1 ℃的甘油作为起始温度测定软化点。

(3)环架放入烧杯后,烧杯中的蒸馏水或甘油应加入至环架深度标记处,环架上任何部分均不得有气泡。

(4)加热 3 min 后使液体维持每分钟上升 5 ℃±0.5 ℃,在整个测定过程中,如温度上升速度超出此范围应重做试验。

8.4.3 任务测评

1. 素质测评

沥青软化点测定的素养点,做到即得分,未做到即零分,见表 8.4.2。

表 8.4.2 沥青软化点测定操作素质测评表

序号	素养点	配分	得分
1	检测通风设备	20	
2	安全意识,仪器、设备及工具安全检查	20	
3	节约环保意识,试样不洒落	20	
4	仪器、工具、试验台清洁及整理	20	
5	诚信意识,真实记录原始数据	20	
总分		100	

2. 知识测评

确定本任务关键词,按重要程度进行关键词排序并举例解读。

学生根据对本次任务重要信息捕捉、排序、表达、创新和划分权重能力进行自评,满分 100 分,见表 8.4.3。

表 8.4.3 沥青软化点测定操作知识测评表

序号	关键词	举例解读	评分
1			
2			
3			
总分			

3. 能力测评

测定沥青试样软化点，填写试验报告，见表 8.4.4。本任务所列内容，操作规范即得分，操作错误或未操作即零分，见表 8.4.5。

表 8.4.4 沥青软化点试验报告

样品名称											沥青品种								
生产厂家											试验日期								
依据标准																			
试验次数	室内温度(℃)	烧杯内液体种类	开始加热时间(s)	开始加热液体温度(℃)	烧杯中液体在下列各分钟末温度上升记录(℃)														软化点(℃)
					1	2	3	4	5	6	7	8	9	10	11	12	13	试样下坠与下层底板接触时的温度(℃)	
1																			
2																			
备注																			

表 8.4.5 沥青软化点测定操作能力测评表

序号	技能点	配分	得分
1	沥青加热脱水控制	10	
2	沥青试样的制备	20	
3	调整软化点仪	20	
4	软化点测定过程控制	30	
5	正确填写工作单	20	
总分		100	

4. 拓展训练

(1)请列举沥青软化点测定过程中易出现的问题，分析产生问题的原因，并制定解决措施。

(2)沥青软化点测定时控制水温在 3 min 后维持每分钟上升 5 ℃±0.5 ℃，在加热过程中，应记录每分钟上升的温度值，如温度上升速度超出此范围时，则试验应重做，请分析原因。

(3)请绘制思维导图，按照学习目标三要素，对沥青软化点测定操作的学习收获进行总结。

8.4.4 任务总结与反思

完成任务总结报告，见表 8.4.6。

表 8.4.6　任务总结报告

班级：	姓名：	学号：	完成时间：
任务名称：沥青软化点测定		组长签字：	教师签字：
类别	内容	学生总结	教师点评
知识点	沥青温度稳定性		
	沥青软化点		
	沥青组分		
技能点	使用加热炉		
	制备沥青软化点试样		
	控制试验条件		
	使用软化点仪		
	数据整理		
反思			

参 考 文 献

[1] 中华人民共和国工业和信息化部. 建筑生石灰:JC/T 479—2013[S]. 北京:中国建材工业出版社,2013.

[2] 中华人民共和国工业和信息化部. 建筑石灰试验方法　第1部分　物理试验方法:JC/T 478.1—2013[S]. 北京:中国建材工业出版社,2013.

[3] 国家市场监督管理总局. 建筑石膏:GB/T 9776—2022[S]. 北京:中国标准出版社,2022.

[4] 中国建筑材料工业协会. 建筑石膏　净浆物理性能的测定:GB/T 17669.4—1999[S]. 北京:中国标准出版社,1999.

[5] 国家质量技术监督局. 建筑石膏　力学性能的测定:GB/T 17669.3—1999[S]. 北京:中国标准出版社,1999.

[6] 国家市场监督管理总局. 通用硅酸盐水泥:GB 175—2023[S]. 北京:中国标准出版社,2024.

[7] 国家标准质量监督检验. 水泥细度检验方法　筛析法:GB/T 1345—2005[S]. 北京:中国标准出版社,2005.

[8] 国家标准质量监督检验. 水泥标准稠度用水量、凝结时间、安定性检验方法:GB/T 1346—2011[S]. 北京:中国标准出版社,2012.

[9] 国家市场监督管理总局. 水泥胶砂强度检验方法(ISO法):GB/T 17671—2021[S]. 北京:中国标准出版社,2021.

[10] 国家市场监督管理总局. 建设用砂:GB/T 14684—2022[S]. 北京:中国标准出版社,2022.

[11] 国家市场监督管理总局. 建设用卵石、碎石:GB/T 14685—2022[S]. 北京:中国标准出版社,2022.

[12] 住房和城乡建设部. 混凝土结构工程施工质量验收规范:GB 50204—2015[S]. 北京:中国标准出版社,2015.

[13] 住房和城乡建设部. 普通混凝土拌合物性能试验方法标准:GB/T 50080—2016[S]. 北京:中国标准出版社,2016.

[14] 住房和城乡建设部. 混凝土物理力学性能试验方法标准:GB/T 50081—2019[S]. 北京:中国标准出版社,2019.

[15] 住房和城乡建设部. 普通混凝土长期性能和耐久性能试验方法标准:GB/T 50082—2009[S]. 北京:中国标准出版社,2009.

[16] 住房和城乡建设部. 普通混凝土配合比设计规程:JGJ 55—2011[S]. 北京:中国建材工业出版社,2011.

[17] 住房和城乡建设部. 建筑砂浆基本性能试验方法标准:JGJ/T 70—2009[S]. 北京:中国建材工业出版社,2009.

[18] 国家市场监督管理总局. 金属材料　拉伸试验　第1部分:室温试验方法:GB/T 228.1—2021[S]. 北京:中国标准出版社,2021.

[19] 国家质量监督检验检疫. 金属材料　弯曲试验方法:GB/T 232—2010[S]. 北京:中国标准出版社,2010.

[20] 交通运输部. 公路工程沥青及沥青混合料试验规程:JTG E20—2011[S]. 北京:人民交通出版社,2011.